工以为学
Learning by Doing

北欧木结构
试验
Experimental Wooden
Structures

[挪威] 佩特·卑尔格如　著

俞闻候　译

Petter Bergerud

同济大学出版社
TONGJI UNIVERSITY PRESS

橡树成长需要 300 年，然后继续活 300 年，最后用 300 年衰竭死亡。西挪威巴勒斯特兰的莫尔斯奈斯橡树已是 800 岁高龄，是超过 500 种生物的栖居处。

传统的更新
Renewing Tradition

维京战船独一无二的造型、动力学和精确度同样彰显了木材的可能性。造型与材料的配合在任何木结构中都至关重要。古老船体的木板以强劲的弧度向船艏伸展，从船体中央几乎水平和对角的截面位置到船艏垂直相接。如此形成的双曲面不仅保证了构造的坚固和灵活，也为船在惊涛骇浪中的机动与敏捷打下了基础。利用铆合建造法，就可以先建造外部的船身。表皮由一列接一列的木板用铁钉铆在一起。然后再嵌入龙骨。这是一种创新的方法——先建立保护层，再于必要的地方施加支撑。种种迹象表明，维京人对材料的性质十分了解，在开槽与分割的过程中，他们深刻地认识到保留木材细胞结构的重要性。这样就避免了木材吸水膨胀。通过研究、试验和知识积累，他们把材料的性能发挥到了极致。

想象是创造的发端，欲则想，想则求，求则创造。

挪威建筑展示了一系列对木材的创新运用。木板教堂(Stavkirke)结合了先进的手工艺、结构、材料、装饰和室内设计。这些教堂有将近900年的历史，如今依然代表了挪威乃至整个欧洲木结构建筑的最高水平。木板教堂提醒着我们要传承并发展这种关注木材设计潜质和材料特质的传统。换句话说，现在正是重新挑战和实验木材的材料特性的时候，这就是我们在这本书中介绍的方案的背景。

木板教堂的特别之处在于，由此发展出的建筑形式是以作为竖向承重结构的木板来命名的。木板自由竖立在架在石板上的坚固水平枕木上。建造木板或框架结构的技术久远到难以追溯。然而这种建造方法已经传承了数千年——一直到当代。在挪威发现的最早的框架机构出现在青铜器时代（大约3 000年前）。这种框架结构很可能是更先进的木板教堂结构的前身。一组基本框架由两根竖向支撑（木板 Stave）以一根横梁（大梁 Bete）

木材有其非凡的材料特质，例如挪威传统造船技术，便几近完美地利用了这种特质。

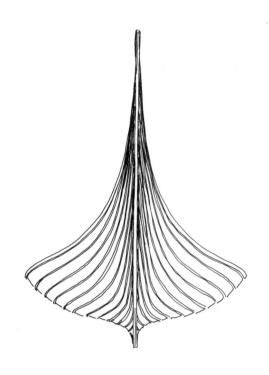

根据材料特性和功能建造的维京船。

连接而成。再以斜向支撑（斜梁 Skråbånd）加固，用木栓锁牢。大梁上方，紧挨着木板横置两根木板檩条（板桁 Stavlegjer），把房子纵向连接在一起并支撑屋顶的椽子（taksperrer）。木板教堂结构中这样的结构单元层层叠加延伸成为复杂的竖向结构。这种结构赋予建筑庄重、高耸的表达以及巧夺天工的丰富造型。木板、大梁和板桁之间的衔接巧妙地利用了构件的自重和外界气候和风的作用，把各部件固定锁死。这种利用外力协同构筑的惊人准则显示了工匠对木材特性和潜质的独特认知。另外，木板教堂也展现了细节上的几何学应用以及精巧的设计处理。比如便于拆卸和重新组装，并在受到外力作用时反而更加坚固的接口。

事物的美存在于思考中。

在诸如博尔贡木板教堂这样的大型木板教堂中，木构架多至 2 000 多件，由建造师带领他的一班能干的建筑工匠在现场组装而成。这可以算是挪威最早的预制组装建筑工程——精确的工程技术让人瞠目。现存的木板教堂无一雷同，不同之处从建造技术到美学设计不一而足。其中大型建筑的惊人之处在于那些木构件的组装方法。结构设计为构件之间受到强大外力时预留了移动的余地。松动的衔接可以造就坚固的结构，这听上去可能很奇怪，但在这种情况下是千真万确的。可移动性通过把外力作用分散到更多结构构件上使结构更坚固。这又是造型与材料特性的结合，灵活性和吸收拉／压力的能力创造出了独特的构造。

无所不能，"无"即可能。

北欧手工艺传统与对木材材料性质的认知历史悠久，造就了许多特殊的构造：双曲面、先进的装配技术、自锁接口及可动的自坚固结构。我们看

博尔贡木板教堂建于 1180 年，目前仍在使用。

传统的更新

到 800 年不倒的教堂和先进到难以复制的海船。这是我们必须通过实验、游戏和挑战木材特性来继续营造的平台。

树木启发着我们，它天然而健康，生长、更新，追随天时季节，温暖亲人。树木纯净而不断重生，它代表着力量、历史和个性。另外，树木也在世界上许多神话与宗教中扮演着重要的角色，在岁月中沉淀出深邃神圣的含义。树木是最古老的、跨文化的创世象征。比如印度神话中的榕树与菩提，北欧神话中的世界之树，以及日耳曼传统中的圣诞树。

定义"无"，尽可能简单，但不过于简单。接受"无"的本相，不在本相上添加任何前提规则。

在犹太教和基督教中，树都是知识的象征。佛教中的菩提也一样。在民间医学、宗教和民谣中，传说树是灵魂的居所。在德鲁伊教和日耳曼异教中都涉及在圣林中举行的祭拜仪式。德鲁伊这个词很可能起源于凯尔特语中的"橡树"。毕钵罗树在印度神话中也扮演了重要的角色。

埃及亡灵书中提到梧桐树林是自然界中亡灵得以安息的场所。在不同的民间文化中，树常常会成为永生和繁荣的象征。向天空枝繁叶茂，向大地根深蒂固，树成了连接天空、大地以及阴间的纽带。

树木的可持续性（bærekraftig）具有双重意义。在任何时代它都是挪威无出其右的重要建筑材料，并且现在又重新获得关注。使用得当的话木材无疑是所有建筑材料中最可持续发展的一种。这是一种可再生资源——一种纯净的材料，使用得当的话也非常耐久。木材是一种天然碳储存，所以使用的时间越长越耐用，可以重复使用的次数也就越多。可持续地使用木材的方法有很多，例如根据木材的用途决定木材的尺寸，或者更进一步，使用非传统木材种类，建造灵活耐用的结构，设计时考虑到拆卸，使用再生木料，以及指定认证木材等。

拥有一两个苹果是可能的，但一个都没有的话，你怎么知道会是苹果？

木材也非常容易处理，可以适用于不同的尺度，满足不同坚固度、饰面和构造的需要——大到巨型的胶合板，小到精准的硬木细节。

本书中介绍的一系列实验项目都涉及木材独一无二的特性。实验的目的在于考察木材的结构与造型潜质。实验性木结构引发了一系列判断、分析和实践经验。它们全都建于卑尔根市中心，让这里的市民们叹为观止并且激动不已。最重要的是它们带来的启迪。

关于树木，这些漫长的经验和丰富的认知必须保留下来并且发展下去。所以建立可以用来致力于实验树木潜质的舞台就变得至关重要。本书介绍的所有项目都由卑尔根艺术设计学院（KHiB）的学生协同国外友人一起发展建造完成。这些实验都以等比例大小进行，学生通过"工以为学"的方法积累经验与知识，使木结构专业长久如新。

如果没有政治上对这些项目所关注的可持续发展、可再生能源以及文化活动的热情与支持，这些项目的实现将会困难得多。这些项目得以成为可能要感谢霍达兰郡郡委（Fylkesmannen i Hordaland）、卑尔根市政府（Bergen kommune）、霍达兰郡政府（Hordaland fylkeskommunen）、创新挪威（Innovasjon Norge）和注木（Trefokus）。本书的出版也得到了挪威外交部的大力支持。

乌勒·范郭尔——我们伟大的伙伴，他是个喜欢挑战也喜欢接受挑战的工程师。他的洞见与学识

树的美总是让人着迷，比如西挪威埃格尔松的萨格兰松树。照片由比亚内·古里克森摄于 1920 年。

是执行我们这些实验作品的支点。他一次又一次自愿跨过传统、计算与局限的阻碍。他在许多论文与讲座中描述的"工程学的乐趣"，以及他的好奇心，都给了这些项目重要的启示。就像他为我们最近的项目的留言里写到的一样："于是不可能的事看上去突然可能起来！"乌勒·范郭尔是专业中的佼佼者。他对结构原理的描述也融入到了本书的叙述中。

我们还要特别感谢所有参加过这些项目的人。学生们每年都做得很出色。我们也要感谢那些为项目出过力的人。弗鲁德·略秀尔（Frode Ljøkjell）和维达·拉克斯弗斯（Vidar Laksfors）参加了第一个项目，并一次又一次倾注他们的实践与专业经验。助理教授、（木工坊的）技术支持约文·艾德（Øyvind Eide）也作出了很有价值的贡献。工程师乌勒·范郭尔总是把项目的潜质发挥到极限。最后要感谢约翰·奥克若（Johan Aakre）和艾格松沿海协会（Egersund Kystforening）让我们在撰写本书时使用了维巴罗顿灯塔（Vibberodden Fyr）。

2015 年 3 月于卑尔根

佩特·卑尔格如

目录
Contents

传统的更新 _005

引言 无——或渺小中的伟大 _013

挑战 _017

穹顶 _023

球体 _043

棍塔 _063

莲花 _075

飞蛾 _103

谢谢 _125

心情捕手 _143

猎人 _163

桥 _179

结语 美的意义 _215

工以为学 _216

致谢 _218

引言
Introduction

无——或渺小中的伟大

Nothing-or the greatness of the small (an introdution)

"无"其实并不多——特别是开始思考它的时候，就变得更少了。

或者换句话说——可以思考的并不多。但"无"就在那里——我们无法回避。实际上我们必须面对它。它就在那里，而当它在那里的时候——也就是说，那里什么也没有。有时候需要的就是"无"。什么都没有发生的时候——"无"就发生了。

话说回到点子上——那这与结构实验又有什么关系呢？首先要指出的是，所谓点（punkt）就是由极大的"无"围绕着极小的"有"构成的。去除这"无"就很难定义这个点。结构就是这么创造出来的——"周围"和"之间"都充斥着"无"。"无"使得"有"得以成立。"无"提供了建造的场地。"无形"造就了结构的成立。

"无"有其价值。这种价值为可能性创造了空间。"开放"是什么？词语本身有着正面的意味，但其实只是"无"。正是"无"造就了"开放"。有了空缺才能填补。有了饥饿才有食欲。有了间隙音乐才和谐。

自然从不违反自己的规则。不管实验多少次都无法证明我是对的，但实验一次就能证明我是错的。

结构——人与物之间的存在。声响、音律、交谈、氛围、关联。对话或二重奏。物理关系的组合。结构，面、线、色、声之间的相互作用产生新的结构。

线的作用——实验建筑结构中的一笔一划。线在一起构成一个整体。但线之间是什么？首先是"无"。含义往往孕育其中，正所谓"言外之意"。

实验项目的出发点并不在于创造新的视觉表达，而是研究材料与造型之间的关系，以及如何通过各种不同的组合挑战这种关系。这些洞见与经验总是使好奇心更加敏锐，使进行新的实验的欲望更加迫切。有些实验成果坍塌了，还有一些沉没了，甚至有些开始自行游走或滑行。所有作品的共同点是它们挑战了统计指标和计算结果，证明只要我们了解材料的内在特性，结合造型，我们可以拓展得非常之广。

找形、创造空间、发现场所的能量，并为我们自己给出的物理框架创造质感，是一门需要我们维护并发展的学问与乐趣，是必须享受的乐趣。

"零"来自东方或许并非巧合：因为那里的宗教并不视"空""缺"与"无"为问题。

在我们当代快速的节奏中，停下来四下打量一番、思考总结，然后建造并实验，这个过程非常有益。

亲眼见证完成的结构与建筑本身就是一种回报。书中所展示作品的寿命都不过数日。稍纵即逝的乐趣即是推动这些实验的原动力。

油画《暴风雨中的桦树》由挪威画家约翰·克里斯蒂安·达尔创作于1849年。据说在去哈当厄尔的埃德菲尤尔的路上，画家看到了山崖上这棵孤零零苦苦挣扎的桦树。画作可以解读为在一个美丽却贫瘠的国家为生存而抗争的象征。1920年艺术史学家安德烈斯·奥博特为这幅画写道："秋天。天空昏暗乌云密布。桦树在暴风雨中枝摇叶坠。但一缕阳光在白色的树干与闪烁的树冠之上渐展笑颜。画面中没有任何不自然的成分，直接而写实。但仍然充满诗意。任何感情丰富的人都会将这种诗意延续下去。象征意义不言自明。从坚硬的岩石中生长出来，在暴风雨中顽强拼搏的桦树代表了挪威生活的所有色彩。"

无——或渺小中的伟大

我们的实验之一。我们测试不同木材的特质、强度和构造。

挑战
The Challenge

木材测试
Testing Wood

木材究竟有多坚固？我们以测试木材
在所采用的造型结构中的强度作为一
系列实验的发端。

一切从一个标准的结构尺寸开始。一根无结节的
木梁横跨在两个支撑物上。木梁宽 5 厘米、高 10
厘米。最优质的 T24 木材，没有安全系数，侧向
支撑。承重为 500 公斤，约等于六个成年人排排坐。
根据计算，跨度超过 4 米时木梁会断裂，说到做
到——六个人一屁股坐在了地板上。这个实验是
基于现在的标准化建造方式和可预测的思维方式
进行的。一根横梁架在两个未定的竖向支撑之上，
可以是墙，也可以是柱子。在这一系列木结构实
验中我们也尝试了其他建筑和结构方式来研究木
材的特性。我们首先希望尝试的是，用其他形式
和材料的连接方式在同为 10 厘米的结构高度下挑
战木材的强度。有没有可能增加跨度？

树是一种有机材料，不同的生长环境——土壤、
日照和气候——会赋予木材不同的个性特质。这
就意味着相同种类的木材中同样存在质量差异。

木材是由沿着树干排列的细胞构成的。细胞形成
三到四毫米长的"管道"，直径为高度的 1/100。
这些细胞也称作纤维或管胞。另外还有那些从木
髓向外生长的细胞——髓线。一段木材中，大约
有三分之一是细胞壁，还有三分之二是"管道"
中的缝隙。这些缝隙是用来从树根向树冠输送水
分的。在把木材当作建筑材料使用之前，把这些
水分以及另一半锁在细胞壁里的水分一起干燥处
理掉是非常重要的。

树是旋转生长的，这是自然的神迹。旋转生长的
树干既柔韧又灵活，并且在承受风压之后还能再
直立起来。树木年轻的时候是左倾旋转的，成年
以后右倾旋转。这一点和我们人类很像。

不同的树种有各自特别的解剖学、物理学和机械
学特质。这里所说的解剖学是指树由赋予它肌理、
光泽和颜色的纤维和细胞结构构成。物理学特质

为另一个实验准备材料。这种动用触觉的操作方式让参与者更深入的理解材料本身具备的特性和潜质。

表现在密度与湿度上。对我们的项目来说，我们最关心的当然是机械学特质。这种天然的原材料究竟有多坚固？

作为建筑材料，木材的抗弯强度是最关键的要素。横梁折断之前能承受多大的力？断裂长度描述了柱子承重时长度与截面之间的关系。平行于纤维的抗拉强度表达了木材抵抗受压区或受剪区遭遇破坏的能力，也是木材强度的重要指标。抗压强度顾名思义是木材抵抗压力的能力。平行于纤维的抗剪强度等同于造成平行木料之间错位／断裂的剪应力。抗扭强度指的是材料抵抗诸如旋转之类的扭曲形变的能力。冲断强度指的是木材承受冲撞的能力。其他要素还有诸如硬度、磨损和开

裂等。但认识木材最好的方法还是测试。这里有一些实例。

最先采用的方法是使用较小的尺度测试木材的材料特性。一米半的跨度下，木材应该可以承受一块砖的重量，两块则不行。如果结构能承受两块砖说明材料尺度过大。挑战在于使用尽可能少的材料建造尽可能坚固的结构。既然我们所有的实验关注的都是造型与材料之间的关系，那么视觉表达也就变得非常重要了。拉／压应力、力矩、剪应力和扭矩为测试的内容并系统记录。

现在，让我们继续介绍等比例的木结构实验。

测试木材寻找断点。

挑战

工以为学。一系列小尺度模型实验探索材料与造型之间的关系。

工以为学：北欧木结构试验

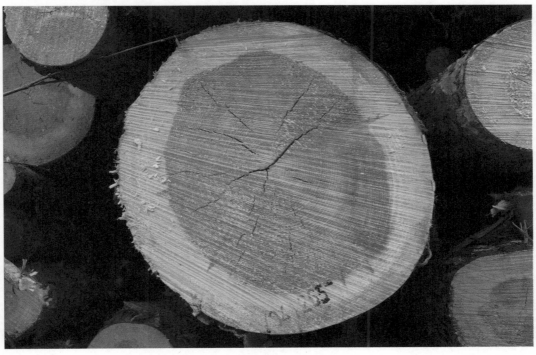

穹顶
The Dome

同时我们希望搭建一个木结构构造来测试和实验空间效果：元素和形式。

在推敲了一系列构造原理之后，最后选定栅格穹顶结构。栅格穹顶具备某些蛋壳的特性。材料尺寸、连接方式、造型和跨度之间的配合使该结构非常节省材料。我们把之前测试过的结构高度放进了新的场景中。结构高度为 5×10 厘米的木材一分为二成为 5×5 厘米的木条相互交叉，形成四方的栅格系统。原则是在地面上水平搭建地毯式栅格，然后从中心抬起直到接近半球形。

问题来了：这个构造物的最大跨度可以有多长。以对木材弹性的认识为背景，我们测试了不同的静力原理和计算模型，所有测试都显示最大跨度在 15 米到 17 米之间，最大弧高为 3 米。木材的弹性可以通过向上弯曲一根木条测试弯曲度来获得。计算最大结构长度要更困难一些。解决方案是结合我们对材料的技术认识和我们以直觉完成不可能任务的意愿。我们把目标定作计算结果的1.5 倍——即从 15 米放大到 22.5 米。也就是说我们把结构高度 4.5 米这一出发点放大了 5 倍。把目标定得比计算结果大这么多之后最大的不确定性在于，整个壳体结构会不会像一摊软绵绵的果冻一样不稳定。

把任何事物带进你生活的第一步：想象它已经在那里。

木条的标准长度大约 5 米。木条之间由两片薄金属件接驳直到超过 22.5 米长。每半米处钻孔，搭成周线距离为 50 厘米的网格。交叉点通过贯穿式的螺栓、垫圈和螺母连接。

20 世纪 50 年代德国建筑师弗莱·奥托曾首次使用这种通过托举弯曲木条网格形成球面的建造方式。1976 年弗莱·奥托在曼海姆的花形礼堂项目

这个项目的出发点有两个。首先我们想突破一些材料的界限：跨度和承重能力。

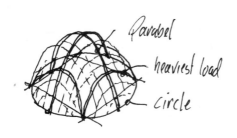

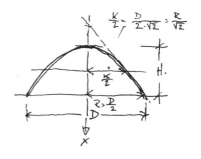

就拥有这种特别值得关注的壳体结构。完成技术演算的是奥雅纳工程公司的设计师埃德蒙·哈波尔德（Edmund Happold）和工程师克里斯·威廉姆斯（Chris Williams）。构造物由双层龙骨建成，结构高度大约 20 厘米。该有机造型的建筑物中就有许多地方最大跨度达 50 米左右。该构造物中单位面积使用的木料是"穹顶"的两倍。

没有希望和信念，"无"以成事。"无"以阻挡一个心智健全的人实现他的目标；"无"以帮助一个心智不健全的人。

在我们的方案中也考虑过食用双层龙骨来增加强度。这样做当然很有好处——特别是对于永久性建筑和稳固的结构来说。但对于这个方案来说，这样的结构准则会增加项目的复杂性和施工难度。这样看来穹顶实验并非什么新探索，而首先是一种乐趣的延续，通过正确的材料和造型组合达到必要强度的乐趣。

字典中"无"的许多定义中的一条：无是琐碎的过剩。

我们的工作井井有条。总长 2.6 千米的木材系统地

排列。2040 组螺栓、螺母和垫圈安装在交叉点上。木条共有 132 个靠两片金属件接驳的接口，包括外圈总共使用了 3 500 枚螺丝。栅格铺满一块面积为 380 平方米的区域。平躺在地上时，网格结构共有 1 520 个正方形。这个面升起之后就变成了另一种几何表达。构造物中央的正方形仍然是正方形，而所有其他正方形都会变成平行四边形来构成壳面。我们定义了穹顶的理想高度，并以此计划安排周边的尺寸，使壳体举起时与地面相遇的地方形成一个连续的环。18 个热情的栅格建筑工，其中 15 个学生和 3 个专业人员，花了 3 天时间在地面上搭好栅格结构。万事俱备，只欠一举。

只要"无"以可以预见的方式行动，描述"无"还是相对容易的。但当"无"出其不意地发生时就另当别论了。那样一来我们可能突然被迫思考"无"本意的重要性。

一辆大吊车来到现场。四根缆绳以距离中心适当的宽度固定在龙骨上。吊车开始慢慢地上举。高一点，再高一点。吱吱嘎嘎直响。穹顶的中央举了起来，但平面的外侧并没有跟上。看上去尽管我们捆绑缆绳的位置离中心已有一定距离，但平

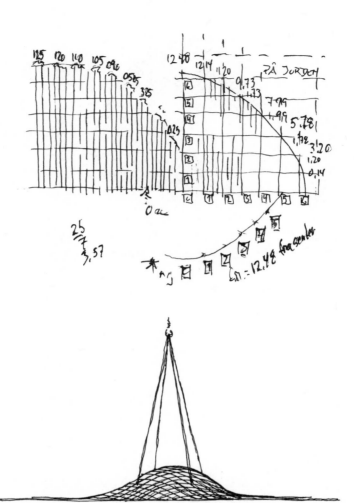

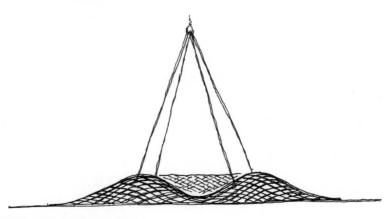

第一次尝试，缆绳之间间距过窄，结果构造物形成荷包蛋的样子。

第二次尝试，缆绳间距过宽，结果构造物变成了甜甜圈的样子。

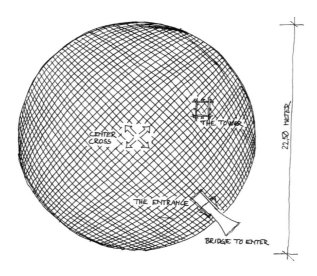

最主要的问题是长度能做到多大，比如穹顶的直径。如果直径过大，就会变成软趴趴的果冻。

面的外侧还是太大太重。不能再举高了。尝试没有成功，得到的结果是"世界上最大的荷包蛋"。是不是跨度设定得太大力无法正确传递？构造物重新放平，计划再次尝试。

第二次我们把缆绳绑在了更外端，但第一次尝试的经验告诉我们，很可能这次无法跟上的是中央。我们开始尝试上举，果然——这次得到的是个甜甜圈。四个人拿着棍子钻进构造物中，站稳马步，与吊车同步举起中间的部分。现在拱截面已经结实到可以支撑起中间部分的程度，最终整个构造物都举了起来。我们停在了 6.5 米高处。有些木条折断并开始脱落。我们在底部安装了一圈安全带，来防止外侧的结构滑脱。松开缆绳，球形空间以 6.5 米的高度和 22.5 米的最大跨度站了起来。

托举的过程中所有的螺栓都是松的，这是为了可以在后期调整球面。最理想的截面是一根抛物线，

顶部的水平面比半圆形少，受压时压力竖向传递并更快地达到底平面。构造物是围绕中心抬起的，外侧的裙边必须稍稍抬起，使支撑方式最优化。穹顶成形之后最外侧五米内的螺栓全部上紧。这就等于全部螺栓的三分之二。边环为两块截面为 17×98 毫米的木板，用螺丝固定。作为额外的构造安全措施，环上又附加了一层木板。栅格与边环相遇的端头用螺丝机械固定。一定要测试一下结构强度。14 个人爬上构造物。没有倒，可以拆掉安全带了。我们不仅增加了跨度，还增加了荷载能力。

智慧的真相不是知识而是想象力。我们塑造建筑物，之后它们塑造我们。

穹顶内部空间十分壮观——一个经纬分明的微型宇宙。现在我们想邀请人们进来。为了让这个紧凑的几何造型保持清晰和紧凑，我们把入口建在稍稍高于地面的地方，这样底部的圆形得以连续。

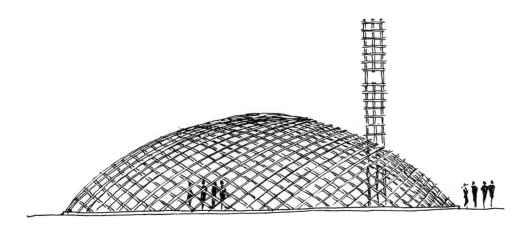

网格结构的造型研究。

入口处建成 2×5 个网格大小。但首先我们为入口加了一圈边框来加固栅格。通过一道简易的木桥可以跨过栅格的最底层以及底环进入内部。

真正有价值的是直觉。

我们还希望为穹顶加建一个造型配件——一个作为主体构成的垂直元素。解决方案是在一侧建一座小塔，与圆弧形成对比。塔以与穹顶相同的基础原则——50×50 厘米的网格建成。造型应该纤细优雅，所以地面积最小化到仅 1×1 米。我们使用了与穹顶相同的材料、尺寸、螺栓、网格结构。塔从穹顶内部开始向上穿出。如果我们为它加上一些斜撑的话稳定性将大大提高，但为了视觉效果，我们还是只采用了与穹顶的栅格呼应的正方形。这使得塔造得越高就越不稳定。我们造到 10 米为止，因为这个时候扭曲、旋转和倾斜已经到达极限。作为视觉表达的元素塔已经足够高，与主体的关系也相当不错了。

基于这种经纬分明的微型宇宙的印象，我们邀请了城里所有的外国组织和少数民族团体来参加了一次非正式的聚会。穹顶成了聚会的会场。36 枚大蜡烛为圆形作了标记，并从底部为构造物提供了照明。跳跃的火光为场地划出了界线，并制造出"魔幻"的效果。塔——结构的竖向元素也从底部照亮。这个元素将在整个聚会中改变特质营造出不同的气氛。一片明亮的云，形态自由，不拘泥于穹顶的规则栅格。这个元素是由一片以两个探照灯照亮的帆制造的。它的位置安排使之巧妙地在人们走进穹顶时与塔形成对话。一条长桌上简单的款宴：水果、饮料，在穹顶绝妙的笼罩下，与入口、塔和云／幕交相辉映。穹顶准备迎宾，乐手们拿出了各自的乐器。

充满可能性的空间——寸草不生。

穹顶

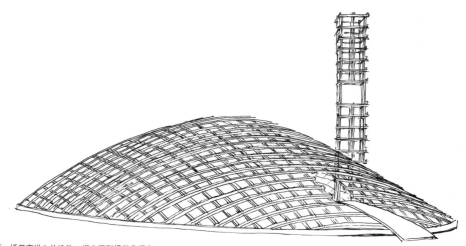

网格穹顶，桥贯穿进入构造物，塔为圆形提供参照点。

19:30 的开幕准备就绪。上百个充满期待的客人等在门外——里面 20 个左右的工作人员正在紧张地做着最后的准备工作。灾难在 19:27 降临。人们听到一声"咔嚓"，突然之间穹顶开始坍塌。速度并不快，但是还是塌了。一个已经站在里面参加活动的瑞典教授这样形容："我听到有人喊着发出警告，抬头一看，栅格结构向我袭来。就像一阵交响乐。我瞄准一个空格，那个空格慢慢地向我靠近，我就只站在那里，看着 50×50 厘米的正方形经过我的肚子。"大多数人站立的地方是塔下，那里的木条都被塔撑着没有坍塌，但还是有两个人受伤了，被送进了急诊室，但幸运的是他们很快就康复了。

到底出了什么问题？可以确认的是应该起到保护作用的底环断了。断裂的地方螺丝显然太少，偷工减料，项目负责人验收的时候又疏于职守。总的来说不幸是多种因素共同造成的。为了确保最

大的固定面积，所有交叉点都是贯穿式螺栓加上垫圈固定。事后我们发现这些垫圈可以更厚更结实以达到更好的效果。如果结构中的交叉点固定地更结实更牢靠，壳体也会更安全而持久。理论上不需要外圈的保护。塔是用背撑固定在穹顶的栅格上已加固的。开幕仪式时风很大，塔的移动也牵扯到了穹顶。外圈断裂的时候构造物上有两个人在调整灯光效果。薄弱的外圈，薄弱的栅格连接，风压下塔的牵扯，加上两个人的重量，原因应该是这些因素的共同作用。

要是知道会成功还算什么实验。

穹顶的建成标志着我们完成了一件理论上不可能完成的任务——我们用 5＋5 厘米的结构厚度建成了最大跨度 22.5 米的木结构建筑。我们先做到了不可能做到的事，然后又发生了无法预料的结局。

预制长度适应网格。

以金属连接件连接标准长度。

两侧固定。毗邻连接处相互错开。

25 米长度网状排布。

栅格根据长度排布。

50×50 厘米栅格。

三天之后网格成型。

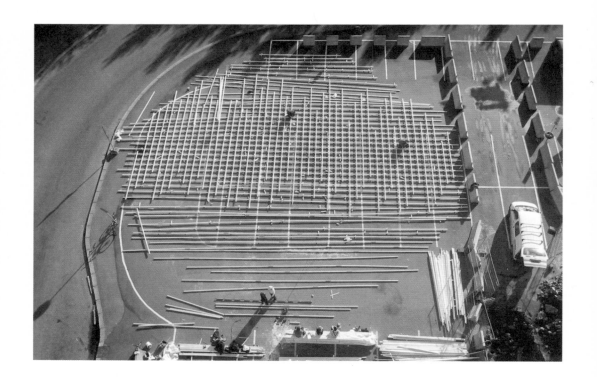

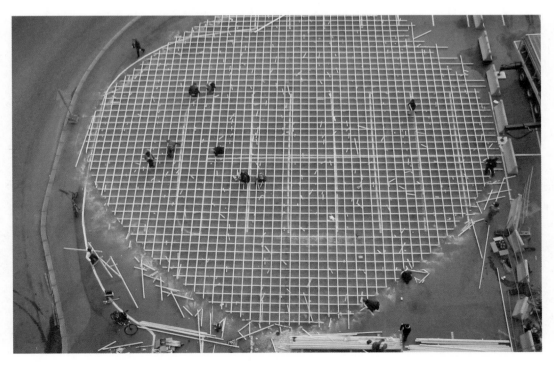

穹顶

穹顶准备举起。

越来越高。

更高。咯咯作响。

6.5 米高，停。

栅格形成的惊人拱顶。

测试穹顶的强度，结构微调。

建造进入栅格的桥梁。

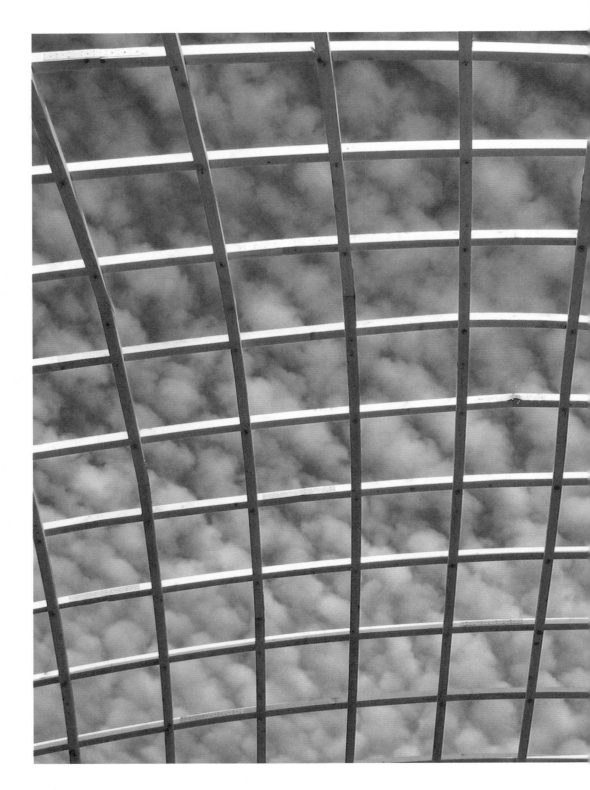

工以为学：北欧木结构试验

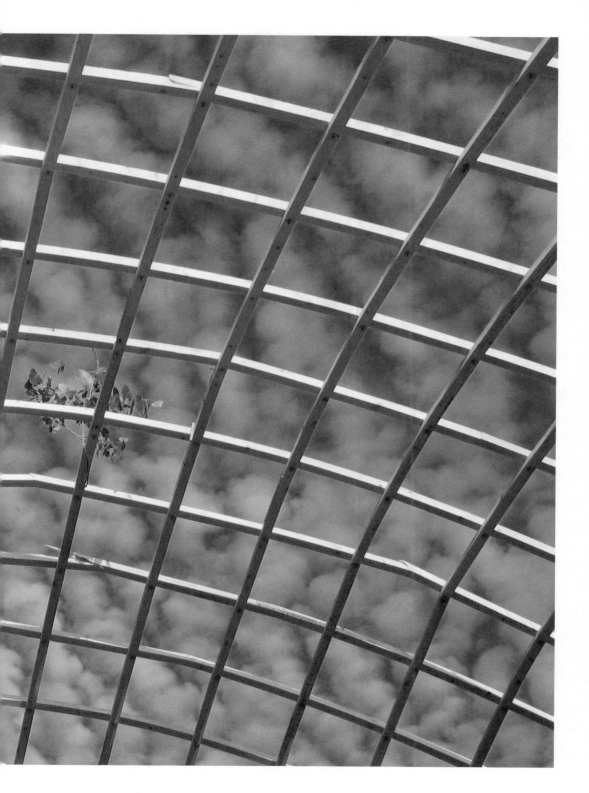

穹顶

工以为学：北欧木结构试验

球体
The Globe

起初是两个三角形。两个三角形各有三条边，一共就是六条边。如果把六条边拆散重新组合成金字塔形，用这六条边就能得到一个三角形的底面和三个侧面——加起来就是四个三角形。这就是这个空间架构的理论基础。

这就是该结构空间可能性的关键：通过拉／压应力连接扭力、剪力、旋转、弯曲之间的线性作用来发现三维甚至多维空间的途径。这一切都基于对理性的热情，而理性是结构的终极解答与乐趣。

有时候你会在实验中失败。但哪怕你失败了也不会停止对这个实验结果的观察，以寻求更好的办法。

在这个方案中我们也将把木材的材料特性推向极致。这个空间架构的原理是理性而节省材料的，它的迷人之处正是这个出发点，我们要以此来创造一个可用以实验视觉与形式表达的构造物。

我们的上一个项目惨遭不测，木结构在各种偶然因素的作用下坍塌了。这次我们将继续把方案推向可以预判的可能性之外。为了保证没有人会在结构下方逗留，这次我们选择建造一个漂浮的构造。木构件搭成 6×6 米的筏，作为构造物的基础。我们先通过各种模型发展了一下结构的造型。我们从一个正方体开始，正方体的每个面搭出一个金字塔。金字塔的顶端接触由正方体的角形成的视觉球面。正方体的每个平面得出的金字塔都有四个侧面，每个三角形的侧面再向外建出一个新的金字塔，顶端接触同一个视觉球面。再把所有金字塔的顶端都连起来。顶端再与正方体的边连接。6 米的长度使材料很脆弱，但通过这种连接方法屈曲长度得以减半。这样结构的所有连接点都得到了拉应力和／或压应力的空间支撑。能做到的话就可以开工了。

这个构造物首先是力、形与材料之间的互动与协作。根据美国工程师巴克敏斯特·福乐的理论，利用空间思维一加一等于四。

木筏上竖起了脚手架，充满正方形的内部。这也

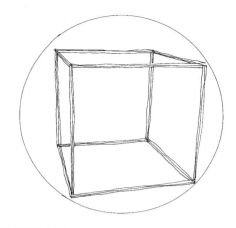

正方体向球体的转换。

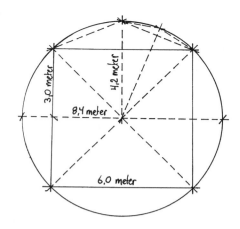

6×6×6米的正方体将被镶嵌在直径8.4米的球体内。

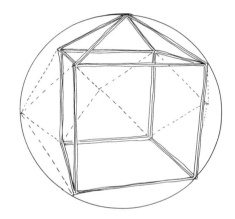

在正方体的面上建造四面金字塔形，顶点落在球体表面。

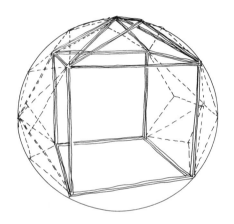

在每个金字塔的面上再建立金字塔，顶点落在球体表面。

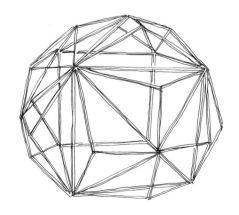

连接所有金字塔的顶端。

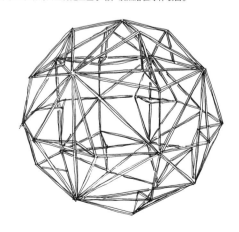

连接金字塔的顶点与正方体的边，加强结构。

工以为学：北欧木结构试验

是建造期间的工作平台。正方体 6×6×6 米的边先搭建起来，然后抬高到离木筏 1.5 米处。继续在正方体的面上建金字塔形。这时警报拉响，劳动安全监管部门要求全面停工。在我们重新开工之前，我们必须提供木筏承重能力和稳定性的文件材料，还有批准我们搭建超过两层楼高的脚手架并在上面作业的许可证。这种木筏与脚手架的组合不常见，需要特殊的保护措施。木筏得到授权，计算结果呈上。至于脚手架，我们的意思是如果层高以 5 米计算的话也就过关了。停工两小时之后，所有文件摆上台面，但就这样还是没有马上批准。审批过程中只好先借助一台固定在地面上带旋转操作台的升降机。两天之后监管部门终于特批开工，但球体差不多已经成形。

球体为照亮的动态造型提供了几何框架。

要是我们知道自己在干什么，那也不能算什么研究了，不是吗？

这次我们用的材料尺寸还是 5×5 厘米。这种尺寸非常容易操作，容易加工，并且非常人性化——接近成人小臂的尺寸。所以在构造语境中也很容易理解。连接点很复杂，正方体角点一共连接了 11 根斜撑。连接金属件由平铁根据一个构造的几何模型压弯成形。

这是一个空间构架的球体。我们从正方体出发，建造出视觉上接近球体的造型。目标是利用最少的材料完成这个形。另一种方法是反过来，从球体出发，然后减去尽可能多的材料，直到球体造型解体。方案的关键词是转换、空间强度、协作和几何造型。球体即圆球。但又不是一个完整的圆球，而是暗示一种球形的体验。

大多数球形的分解都如同剥橘子。给球形一个轴线方向，同时剥夺了它一部分重要的空间特征。常规的球面分解法一般都是从二十面体或八面体出发的，然后再以从中心朝球面投影的方式进一步分解边长。以此得到一个由均等的三角面构成的三角形多面体。球形保留了下来，但二十面体的主对称轴渐渐消失在形中。这种杆状三角面系统是典型的欧几里得几何原理的延续。

我们常常白手起家。因为这样才能发现"无"并非毫无价值。

而球体的出发点完全不同——结构的重要部分正是正方体。从正方体的边长向想象的球形表面支出 5×5 厘米的棍子。额外的棍子穿过正方体，构造出球形的最后几个关键点，使球形表面成为由三角面定义的完整表面。最后从中点加固支撑那些最长的棍子。加固用的棍子构造出新的三角面，从某种程度上打散了对初始正方体的认知。

得到的结果是一个几何构造——圆球与骰子之间的互动。这个几何构造不需要丰富的几何学知识就可以相对简单地操作。以这种模糊的空间构造方式，把弯曲的球面与最简单的正交结构——骰子连接在了一起。

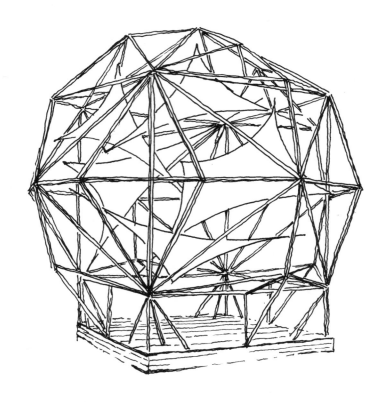

球形的三角形表面加固整个构造物。每一根棍子都由二级结构系统支撑，赋予整个构造一体化的整体外观。构造物被压缩到绝对极少与精巧的平衡点。拆卸整个结构只需要松掉两个斜撑——其余结构就会自行垮落。

这个庞大的透明水晶体造型就这样竖立了起来，我们希望可以对此进行一些空间实验。对于这个以直线驱控的几何形，我们希望加入一些弯曲的动态线条来建立起严谨与自由之间的对话。我们首先加入的是特制的彩色织物。因为我们的方案是一个漂浮的构造，所以织物很可能变成我们难以控制的"风帆"。于是我们选择使用了白色的

渔网，并在黑夜降临时投影上彩色的灯光。

真正的智慧在于知道自己"无"知。

帆撑了起来，渔网柔软的动态曲线与球体严谨的几何造型互文互动。探照灯各就各位并编好程序。多变的色调和亮度照亮构造物中线与形的演绎。微波追逐着平台的边沿。除此之外，城市中心的湖面风平浪静。

夜色降临。球体降落在开阔的湖面上。灯光小心翼翼地点燃。风帆亮起来，颜色开始显现——一场色与形的游戏与变幻的演绎。我们捕捉到了极光。

　　　　　　　　　　　　工以为学：北欧木结构试验

建造 1:10 的模型，用来作为连接点的控制器。

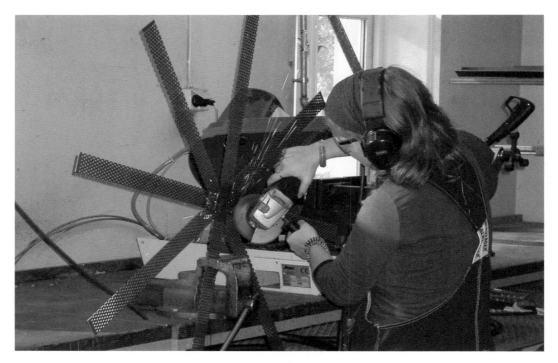

参与者用预制的平铁制作连接件。

总共 48 个不同构件数、不同角度的连接件，最终将组合在一起。

工以为学：北欧木结构试验

正方体建在 6×6 米见方的大浮台上。

搭建斜撑与球面相切

　　　　　　　　　　　　　　　　工以为学：北欧木结构试验

立方体一点一点转变成球体。

工作人员测试不同形状的网。

编程的照明系统点亮形状各异的网。

工以为学：北欧木结构试验

工以为学：北欧木结构试验

工以为学：北欧木结构试验

球体

工以为学：北欧木结构试验

棍塔
Tower of Rods

我们已经尝试了清晰明确的几何原理。"穹顶"中二维的正方形网格图案升起并通过改变正方形的形状成为三维造型。

"球体"中我们通过向视觉球面添加三角支撑把正方体变成了圆球。在观察球体时我们发现，从某些角度看到的呆板的几何形换到别的角度却趋于混乱的边缘。空间构造搭建的球体通常是通过重复简单呆板的几何形来完成的。而此案例则更为自由。这一丝混乱的表达更启发了我们尝试以此作为构造原则的灵感。

混乱无处不伴随着我们——局部混乱、全球混乱、经济混乱、交通混乱等。在工程艺术中混乱的原理启发着新的探索。除了视觉表达之外，混乱的原理有什么特性？如何促成一个动态的、有机的、混乱的发展项目并为之设定框架？

悲观者从任何机会中发现困难。乐观者从任何困难中发现机会。

在 20 世纪，自组织结构引起了许多工程师和建筑师的兴趣，他们甚至为之着迷。包括由弗莱·奥托领导的斯图加特轻型结构研究院在内的许多研究机构都以这个原理开展过许多研究项目。但目前为止得见天日的实践应用并不多，问题是在这个数字时代我们是否已经获得定义、计算、评测和生产以这种原理为基础的结构并使之投入使用的可能性。

自然界中存在许多这样的构建或生长过程。喜鹊窝、白蚁巢、珊瑚礁等。这种随机而又有逻辑的建造方式让我们想要来挑战一下那些除了这种方法还没有掌握其他建造原理的小构造师们。我们把这个任务交给了可以自由地审时度势的下一代，也就是那些 9 到 13 岁想法既无拘无束又乱七八糟的儿童。儿童是我们的构造师和建筑工。他们使用的材料应该是可以轻易折断来制造混乱的。并且我们还想赋予结构一个可以引起混乱反响的高度。

有没有可能只用 4×4 毫米见方的木棒建造出 9 米高的塔？

语法上来看，"无"这个词是个非限定代词，也就
是说它是有所指代的。

我们方案就是把完全的混乱置入系统中，儿童直觉的建造乐趣和巧合——直觉的构造师。目标是用细木棒建造一个高约 9 米的塔。霍达兰郡委曾希望我们创立一个壮观的项目，并且要让儿童参与并培养他们对木构建筑的兴趣。我们用棍塔作为对他们的回应。

在发给学校的邀请函中写道："我们向 9 到 13 岁具备设计天赋的孩子发起挑战，一起来用细木棒建造一个巨大的模型。两天之内我们就能看到

模型到底会有多高。这个空间构造物——塔——将用细木棒（大约像意大利面这么粗）借助热熔胶枪拼搭而成。我们订购了一大堆木棒和好几公斤热熔胶——说造就造！塔将由三条塔基支撑，塔基之间形成门斗——一个通道——人们可以自由出入。入口大约 1 米宽、3 米高。塔基将在入口上方汇合，继续向上生长。计划是建造一个不低于 9 米的塔状建筑，我们鼓励大家都来为视觉表达出一份力。建造完成的塔将在公众面前展出并赠予卑尔根市政府，作为这个了不起的木头城——卑尔根继续发展的启迪。

"无"是等待别的东西来填补的"空缺"，但同时它听起来又那么煞有其事。

邀请函惨败，没有得到一个积极的回应。我们以为我们策划了一个既吸引人又能让参与者感到自豪的项目，但我们的描述太不精确。谁会派自己的学生到 9 米高的地方造一个完全混乱的结构？没有哪个校长或者热情洋溢的老师会冒这个险。只能重新发出描述更准确的邀请："所有建造工作都将在地面进行，每个组装部分都不会超过一米高。它们将被组装在一起称为一座塔。"这时候总算有了回音，热情也激发了出来。老师和学生们都想参加。参加者按工作组和时间段分开，一伙了不起的建筑工等着着手开工。

2 500 米总长、意大利面那么细的木棒被切割分段，热熔胶枪蓄势待发。可爱的混乱愈演愈烈。原则是先造塔顶。最上方带塔尖和旗帜的塔顶总高超过 1 米，更确切地说是 1.2 米加旗帜。这是为了确保塔高超过 9 米，只要我们能在底下建出 8 层 1 米高的模块来。塔顶的底面必须和侧边高 1 米的下一单元的顶面吻合，同样它的底面也将与再下一个单元的顶面吻合。按照这种方式，在底部一层一层叠加最后形成高塔。框架搭好以后作为塔身主要支撑结构的混乱构造由学校热情的儿童

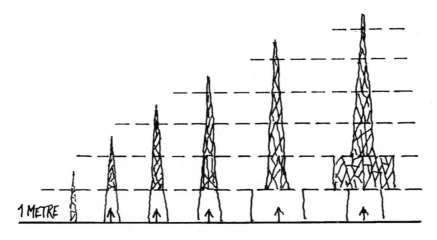

1 METRE

塔由多个 1 米高的模块搭成。先建造最上方的模块，随着下方模块的搭建，
上方的模块越升越高。

们搭建。他们将自行（在少许的指导下）决定塔的外观和建造方式。就这样随着混乱构造的模块在下方越造越多，塔顶也越升越高。我们对控制塔身的上升很自信，因为我们知道木棒的总重不过区区 7 公斤。结构超轻的自重也对风压的影响提出了特殊的设计要求。

棍塔并不局限于欧几里得几何学范畴。相反，它采用的是蚂蚁用来建造大型蚁丘的混乱系统。这是一个由先天基因条件和外界自然因素共同作用的过程。蚁丘的建造也是从一个相同的结构单元不断重复开始的。我们这个具体的方案中则是 4×4 毫米截面积的木棒通过随机和逻辑必要性共同作用的处理方法。儿童建造并在看上去脆弱的部分进行加固——"混乱的发动机"。这样得到的结果和工程师计算出来的三角形矢量构造截然不同，虽然两者都是以纯粹的矢量元素构成的。

无所为即无所成。

我们的实验证明这在小尺度下是可以实现的。问题是，在一个比较机智的系统中是不是也能以更大的尺度完成同样的实验？结果会不会完全不符合逻辑？人们会不会选择放弃许多自然中常常采用的几何系统？想想松果的内部结构，一堆混乱的棒状结构相互支撑。我们在其中看到了它与工程师的空间桁架结构的类似之处，但与儿童的混乱系统更加相似。

塔利用从下部连接的单元模块自下而上搭建。俄罗斯天才工程师安纳斯塔斯·舒索夫用同样的原理建造了双曲面的迷你塔。从表面上看这很像是幼稚的游戏，但却暗示着现实中建筑师和工程师都可以踏上的新途径。混乱与传统之间的平衡点在哪里——能得到怎样的形式？棍塔是形式的基础研究——完全不代表任何成熟的结论。

棍塔的建造工地非常壮观。到处都是孩子——站着的、坐着的和躺着的。每个人手里都拿着木棒，分组绕着公共的热熔胶枪工作着。建造工程紧锣密鼓。他们要建造一座和周围的房子一样高的塔。

古希腊哲学家体验"无"非常受挫。对他们来说这是最基本的命题：存在的即存在，不存在的即不存在。

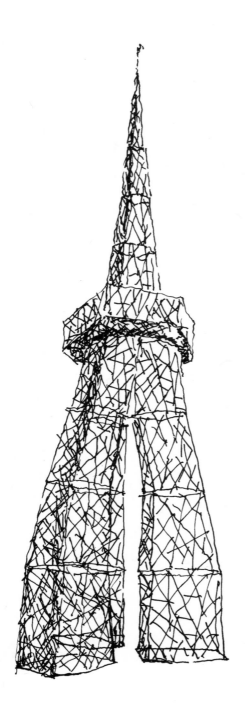

木棒在需要的地方施以热熔胶。孩子们一眼就能看出哪里缺点什么，哪里是薄弱环节。如果一根棒子不够长，完成不了整个跨度，就必须接驳一根新的，甚至两根、三根，直到填满余下的距离。结构强度随时由儿童按压拉扯来测试。关于强度和耐久性的讨论一直持续到孩子们自己觉得牢度已经足够。同时9到13岁的学生们还学习了承重的概念和斜撑的必要性。混乱是最美的秩序。

但棍塔真的能站住吗？不管怎么说，9米还是挺高的，意大利面一样细的木棒只有4×4毫米的截面积。儿童们很自信。要不站住，要不站不住。就这么肯定。反正没有什么地方应该比其他部分少用些木棒。那样的话塔一定会倒。而且木棒横七竖八的是件好事。因为如果一根断了那其余的可以从别的方向受力。木棒指向四面八方也是正确的，这样所有的棒子都能参与——无论长短。木棒交错的时候看上去可以像很多东西：一片森林、一件连衣裙，有些很神秘，营造出各种充满幻想的形象。最大的启发就是齐心协力，所有的木棒堆在一起，顶端就能插上一面旗帜。

用意大利面建造的9米高塔可不指望长寿。我们把底部钉在它所站立的木地板上，又从塔的中央拉了三根钢缆固定在地面上。风撕扯着构造物，雨把木棒变软。9米高度本身就是个大风障，但最大的危险来自那些周六晚上从夜店出来往家的方向晃悠的派对动物们，他们很可能忍不住想要试一试这个建筑物的强度。但第二天早上它仍然屹立不倒，第三天也是。一周之后我们接到布吕根基金会（棍塔搭建和展示的场地在布吕根）的电话，问我们棍塔到底要站多久。小构造师们大获全胜！

不管你的理论多完美，不管你多聪明，只要和实验结果不符就是错的。

小学生（9~13岁）受邀一起建造高塔。

高塔的不同模块在地面完成。

最上方的模块升起，下方连接新的模块

工以为学：北欧木结构试验

塔越升越高，新的模块随即诞生。

不同的模块一点一点建起来。

一个惊人混乱构造出现了。

棍塔

工以为学：北欧木结构试验

莲花
Lotus

一面平整的墙需要支撑，但圆柱体可以通过自身的单曲线截面自支撑。当我们观察自然本身的构造原理的时候，我们发现对于稳定性来说最简洁最优化的面是双曲面：贝壳、种子、果核、蜂巢、花瓣、花萼等。所以以花瓣为动机，我们希望在这种构造原理基础上搭建出自由的墙来营造空间。

墙应该兼具坚固性与稳定性，同时尽可能地高。笔直的5×5厘米木条一起组成双曲面花瓣，即在平面与截面上都是成曲线。木条纵向向上升起，交叉在一起组成一系列三角形形成曲势。面的薄弱环节是三角形相交的地方——仅5厘米。为了用木条搭出面来，我们决定把交点在平行和垂直两个方向上移位形成弧度——即双曲面。

换句话说，问题就是我们如何能继续挑战木材的特性突破极限。花瓣朝外展开、诱引，并保护。每一片花瓣都自成一个面，它们一起形成一个既开放又局限的空间。开放性带来光与自由，而局限性带来安全与保护。如何体验这种空间？需要多开放，又需要多封闭？需要多少面，它们之间如何建立关系？花瓣的形不是随机的。它是一种双曲面，形本身提供了坚固性。我们的建筑材料——已切割成标准形式的木材——已经不再具备相同的特性。但这种特性还是可以通过特殊的形来达到。

有之以为利，无之以为用。

我们早期的空间实验表明，五边形的空间看上去最大。如果把同样的面积放到不同的基础几何形中，五边形的空间感受和体验要比圆形、三角形、四边形和其他多边形都要大。五瓣成为空间结构的基础几何形。我们还要尝试造得更高——8到10米。如果"花瓣"必须是双曲面的话，面的宽

最早的两个项目关注的是闭合的形。这次我们要把形打散，用自由的面来创造空间结构。

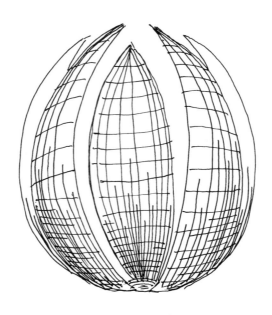

结构的外层是受花瓣启发。

和高之间就需要一种平衡关系来确保可以支撑起自重的强度。我们没能幸运地找到任何计算机程序来帮助我们算出我们想要建造的几何构造。双曲面和我们想要把它们连接在一起的方式制造出太多关于扭曲与稳定性不定因素。于是我们选择利用直觉，把宽度设成高度的四分之一。宽度定为 2.4 米，而高度就是 9.6 米。五瓣莲花随之生长出来。花瓣从中央也就是从花萼绽放出来。截面以抛物线为基础，构造中的三角形按照黄金比例分阶段插入。

敢于用材料和比例来实验的人总是让人肃然起敬。

像真正的莲花一样，它也将浮于水面。我们发展出了一种漂浮的构造来支撑整个结构。考虑到运输的问题，构造物分成了五个部分，以便之后组装在一起。我们想为漂浮构件预定空铁罐或空木桶，但得到的建议是还是用 1×1×1 米的塑料桶。因为这种桶是四四方方的，估计用起来比较方便。

从几何学和构造学上看，是好像更容易处理一些，但我们很快就发现这是个错误。

"无"同时存在与不存在。这是个悖论。

木筏由五个单体组成，每个单体都有三个塑料水桶。出海之前这些单体需要组装成一体来为莲花花瓣的安装做准备。为了确保稳定性，整个装置有一个 4 米高的底座。木筏将在陆地上上下颠倒着搭建起来，这样搭建底座就像搭建一座塔。下水的时候木筏将被倒置过来，塔就成了底座，四面围上球体中用过的渔网。将露出水面 10 米之高的莲花花瓣会成为巨大的风障。木筏的漂浮面为30 平方米，水桶的浮力为 15 吨。为了避免侧倾，底座里的稳定装置中填上了 6 吨石头。

建造莲花需要一个高效而系统的过程。我们在模型中试验过的设计又用数字模型计算发展并准确定型。这次我们选择在能工作，为了效率以及达

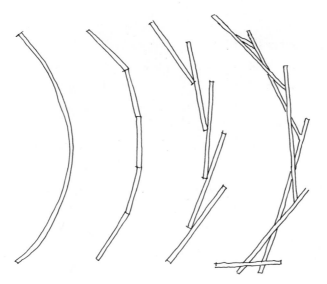

垂直的弧线是由叠加直平面构成的。

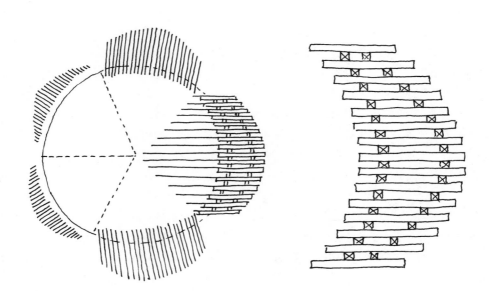

平面上的弧线是由节点的微错位构成的。

到足以抵抗风霜雨雪的精确性。花瓣建造的基本规则是围绕固定在地板上的轴点先建造一半，然后旋转以后使用相同的轴点建造另一半。以这种方式我们就可以得到以花瓣中点为轴的完美对称形。每一半由84根不等长的木条组成，这样840根木条就系统地组成了5片相同的花瓣。木筏的五个单体分别建好。15个热情的工人整整六天马不停蹄地工作直到构造部件准备出海。

莲花花瓣将近10米长。精打细算使它们正好可以穿过组装车间大门并可以用拖车一路穿过隧道、桥洞和高压线送往目的地。运输必须在车辆最少的半夜三点进行。起重机、半拖车、挂着"宽载注意"的牌子的押运车，还有警灯全开的警车保驾护航，运输过程中大家不由得自豪起来。就这样浩浩荡荡运了六趟。花瓣五趟，木筏一趟。

夜晚在搬运中度过，第二天就开始安装木筏。底座就位，起重机负责把木筏放入大海。石子填满底座，还加了一点水，来提供稳定所必需的重量。然后项目中最激动人心也是最惊心动魄的环节到了。我们能不能把花瓣装到木筏平台上？我们必须先用起重机把花瓣竖起来。然后再举到平台上，找到自己的位置，与平台上预留的框架固定在一起。这听上去很简单，但起重机伴着风浪与某种程度的实验性，大家的神经还是绷得紧紧的。吊车的缆绳松了下来，它站住了。

掌声之后不得不测试一下强度和稳定性。我们从侧面拉拽，里里外外，再用起重机给它施加不同的力。测试合格了。又再底部加固了一圈螺丝之后，挨个装好其余的花瓣。工作几小时之后，构造物完成，对于这伙热情的莲花工人来说，这玩意儿真好看。花在抹着月光绽放。任务完成！莲花安全地绑牢之后，大功告成，熬了一夜的人们可以回家了。第二天上午准备把莲花从海路运往卑尔根市中心。

但第二天上午意外发生了：莲花沉了。只能下到水中试着找出出错的原因。很快就发现，是塑料桶漏了。我们拿到的桶是可以装果汁、洗洁剂和各种化学制剂的。顶盖是带螺纹的，起到了安全阀的作用，以防止水桶爆炸。没有人告诉我们这个细节。外面的水压把空气从这些安全阀中挤了出去。水桶像梅干一样被压扁，里面剩余的空气无法让莲花漂浮起来。

我们联系了卖水桶的公司，他们很快开着吊车和气罐车赶到。莲花用吊车吊起，我们隔开地板才得以打开那些顶盖。然后抽出桶里的水重新试着用压缩空气把水桶吹起来恢复到原来的模样。但气压太大，水桶还是有些变形。我们为盖子的螺纹安装了安全密闭装置，并重新计算了变形后水桶的容积，看看够不够让构造物漂起来。漫长的一天之后我们才敢松开吊车的缆绳。一开始看上去像都还行，但水桶里还是有气泡冒来。

第二天我们发现莲花还是倾斜了。为了稳定，我们要不换掉水桶，要不就得把水桶倒个个儿。把水桶倒个个儿，薄弱的地方就从上部换到了底部。空气无法从底部溢出。唯一可以颠倒水桶的办法就是从底部把它们抽出来，倒过来，再塞回去。因为莲花花瓣已经固定好，从上部操作是不可能的。我们得找潜水员。钱也差不多用完了，必须一气呵成。把需要完成的工作描述给潜水公司听也不是一件容易的事：一个莲花一样的木结构浮力不够。其中一家公司并不知道我们到底要干什么，但出于好奇，老板亲自来了。半小时之后三个潜水员跳入水中，翻桶行动开始。水桶一个接一个翻转过来。重新往桶里灌满空气，莲花缓慢但是坚定地站了起来。几小时之后莲花稳住了，

工以为学：北欧木结构试验

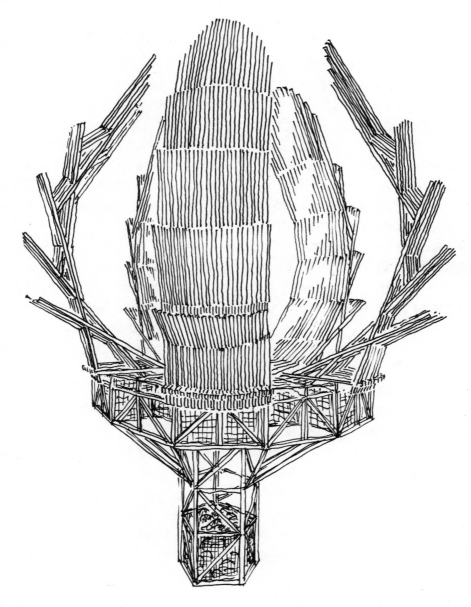

莲花和水下构筑物。

莲花

漂得也不错。多亏了这些潜水员我们才能重新打起把莲花运到卑尔根市中心沃根峡湾的念头，就像我们宣传的那样。

我们喊来几天前就提前征用了的拖船，全速驶向市中心，为了赶上广告里宣布的在周五晚上召开的开幕仪式。我们花了六天时间造单体，一天准备运输，一夜正式运输到海边，一天安装木筏，最后用了一晚上加一整夜安装莲花花瓣。之后我们又用了两天把构造物重新放正。

两周过去了，想到莲花在沃根峡湾中美丽绽放几周之后又要把它拆掉就叫人打不起精神来。当初拧进去多少螺丝就得拧出来多少。所以在开幕仪式上我们通过电视和媒体当众宣布，如果有人想要这朵莲花，且动机良好，就可以得到它。随后，竣工仪式和庆功宴就准备开始了。

双曲面是自我稳固的形式。在这个方案中，双曲面是通过直线的组合形成的，我们以此来检验自然的准则。莲花由五瓣独立的木帷幔组成，没有任何额外的结构连接件。这就意味着所有束缚都发生在底部。花瓣的曲线造型是通过三角构件的紧密组合达成的。构造最薄弱的环节是三角形相接的地方，这里花瓣的结构厚度只有5厘米。要不是因为花瓣的截面也是弧形连接的，这样的结构是不足以支撑10米的高度的。于是我们得到了一种外壳效应，就像花瓣的外壳效应一样。例如玫瑰或莲花。花瓣的形与木棍之间的呼应使连接处更紧密。通过侧向的风压或侧向的波浪运动，结构因为弧面的张力自动锁紧，形变使壳体结构更坚固。工程师可能会将此忽略不计，但正是这些细微的运动使莲花如此坚挺美丽。关联是以形变为前提的，首先正是花瓣的弧面造型赋予结构在形变时锁紧，并把力传递到结构每个部分的可动性。数字模型运算可以达到某个阶段，来支持工程师的某种"感觉"或直觉。但经验是必须的。任何一个"严肃"的工程师都会要求在底部增加斜撑，但形本身就提供了稳定性。标准的工程运算与莲花的真相相去甚远。所以我们很有必要时不时记录一下这种动态平衡的潜质。

许多人表示有兴趣接手我们的莲花——其中包括豪斯维克斯沃根冬泳队。他们长久以来一直都在为自己家乡人口锐减而担忧，他们认为作为直白的生育象征，莲花竖立在他们家乡一定可以帮助扭转局面。

莲花工人们真的被打动了，冬泳者们胜过了其余极力想要把木结构搬回家的竞争者，受邀来到卑尔根参加了一场隆重的交接仪式。在欢歌笑语媒体直播中，冬泳者们游到了沃根峡湾中央的莲花旁。灯光从白色变成了浪漫的红色，生育象征就此点燃。

在沃根峡湾等待好天气五周之后，莲花启程向北远航。海峡与公海中两天的漂浮完全没有问题。生育象征就位之后，冬泳者们请市长、教区牧师，以及居伦和马斯菲尤恩的所有居民来参加了一场盛大的欢迎会。由市里的首席助产师隆重地剪短了脐带，市政府许下承诺，第一个增加人口的家庭将获得一把银制汤勺。该市的新时代就此开启。一个当地的木匠承接了打造小木莲花放到每个添丁家庭的院子里的任务。故事的结尾不得不提一句，盛况三天之后，飓风"皮尔"来袭。莲花和三条船一起被抛上岸。但小莲花还是络绎不绝。

材料根据长度归放。

建造每片花瓣的模板和支点。

半片花瓣完成后举起并翻转。

另外半片镜像绕着支点建造。

几千米的木材连成系统。

第一个单体微调。

花瓣装车运到海边。

花瓣卸载。

　　　　　　　　　　　　　　工以为学：北欧木结构试验

浮筏倒置，底座建成塔。

一袋石子装入底座压舱。

木筏翻转出海。

浮台就绪，准备安装花瓣。

工以为学：北欧木结构试验

第一片花瓣的安装超出预期。

第二片花瓣跟进。

莲花

安装新的花瓣。

五片花瓣都装好后，松开缆绳。

五片花瓣都装好后，松开缆绳。

莲花

第二天早上的情景让人沮丧。螺旋帽不起作用，水压挤出空气，压扁了水箱。荷花失去浮力下沉。

我们救援莲花的第一个方案是把它整个举离水面，把水桶里的水抽干，再充满空气。

我们不得不使用旋盖和密封胶。

救援失败了。第二天早上，由于重力不均，我们的荷花再次沉下去。我们找到了几位潜水员，他们愿意义务帮忙。

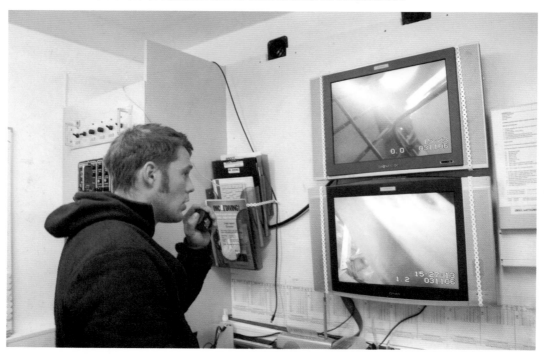

潜水员在水下拆下水箱并翻转。这样开口和漏水处都移到了底部。

　　　　　　　　　　　　工以为学：北欧木结构试验

一个接一个，水箱再次充满了空气。

五个小时的努力工作之后，莲花又如愿浮出水面。

剩下的就是请一艘拖船，我们就可以出发了。

同一个晚上，我们已经宣布这个构造物将在卑尔根登场。

　　　　　　　　　　　　　　工以为学：北欧木结构试验

在开幕仪式上我们宣布如果有人想要这朵莲花，且动机良好，就可以得到它。一群居伦的冬泳者来卑尔根做客。

冬泳者们非常担心他们郡的人口锐减问题，他们希望把莲花作为生育的象征带回居伦。

　　　　　　　　　　　　　　工以为学：北欧木结构试验

莲花

莲花北行之前必须解决一些安全问题。

莲花上路迎接新冒险。

飞蛾
Swarmers

我的构造物升起来又沉下去、晃两下又跌倒——都是因为重力的原因。但真的一定要这样吗？这个项目中我们希望用一个"悬挂于空中"的结构来挑战重力。我们还是选择了 5×5 厘米的木条作为起点——但这次建筑了铁链，好把木构挂起来。250 个一模一样的构件：附加支撑结构、3 米高的大十字架，开始投入生产。组装在一起时，除了悬挂用的铁链，不同构件之间没有任何接触。地面上以正方形的方阵站 49 个构件，其余 201 个构件悬挂其上。风一吹，构造物就开始"游荡"起来，但这是另一个故事了。

"无"是无法占有的。

我们无耻地通过修改重力法则作为开始。15 个人花了好几天时间研究不同的原理，看看我们怎么才能通过所谓自承重的"悬挂"原理来打造一件庞大的结构作品。我们的实验从某个场所开始，一个建造的平面——将有什么东西悬在半空中。如果我们可以在重力的管辖区之外建立一片工地，东西就可以从这里向上悬挂。

构造应该高——或者换句话说，既然是悬挂的——"深"至少 10 米。建造的材料前面已经提到，是 5×5 厘米的木条（后来它成了我们的注册商标）。用来悬挂的是长环链，这样就不会有人指责我们用加固了的钢索作为斜撑或类似的方法来作弊。为了让结构真的能悬挂起来，必须把它分成构件。这些构件之间除了通过一根铁链的连接之外不能有任何的接触。构件设计成十字状——就像胳膊和腿——中间用斜撑加固。我们希望给构件一种动态的形式。构建的比例通过推敲之后成了不对称的倾斜状，为了制造自由飘逸的印象。组装在一起后，不对称的形状从不同的角度看会出现不同的效果——就像一群飞蛾。构件的形式经过推敲之

"飞蛾"这个项目的主旨我们称之为"结构的雀跃"。这个"自食其力"的构造物具有惊人的稳定性。重力法则历来都是一种挑战。

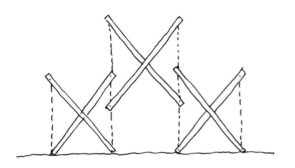

最基本的原则是两个单元构件站在地上，一个单元构件悬挂在它们上面。

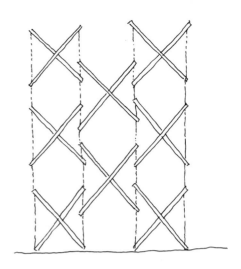

基本原则拓展到两个单元构件站在地上，六个单元构件悬挂在它们上面。

后，得到的十字把顶点连起来相当于一个由两个正方形组成的长方形，即高是宽的两倍。半个十字所在的正方形又被横向三等分，与十字的交叉点即是连接不对称斜撑的地方。构件总高 3 米，宽 1.5 米。铁链垂直固定在十字的端点之间，所有 250 个构件全都一样。

"想想'无'。"
"我做不到。"
"为什么？"
"因为无从想起。"

单元构件生产出来以后，激动人心的组装工作就可以开始了。地面分割成 1.5×1.5 米的网格，与十字的落脚点等宽。两个十字竖起来面对面站在正方形的两条对边上，铁链固定在十字的端点之间。铁链是超长的，大约 15 米，这样就可以继续向上延伸。然后另外两个十字放在前两个之间的侧边上。我们把它们举起来，底部固定在离前两个站在地面上的十字顶部向下大约 50 厘米处的铁链上。然后铁链继续向上拉挂到上面两个十字的

顶端，现在这两个十字是悬挂在前两个十字上的。从顶部向下俯视，这四个十字在平面上组成一个正方形。从侧面看地上站着两个十字，还有两个升起在空中。

无所事事是世上最困难的事情，最困难也是最智慧的。

这个结构是无法独立支撑的，因为没有防止扭曲、旋转和垮塌的支撑构件。想法是通过连接许多构件，构造物生长到体积足够庞大的时候，悬挂结构所受的力就会分散成无数份，结构也就具备了内在的稳定性。

在建造完第一个四个十字一组的单元之后，我们跳过地上画的一个方格，重复刚才的过程，又复制了一个单元。最上方的两个十字固定在与前一组稍稍不一样的高度，十字的不对称面也随机改变了一下。又复制了两组，两两之间相距 1.5 米。

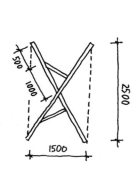

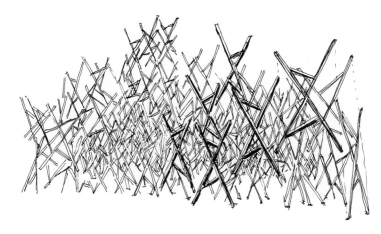

单元构件包括由两根斜撑加固的一组十字。木棍倾斜，赋予构件动态舞蹈造型。

整个构造物随着构件的扩充而生长壮大。

为了确保地面上的十字在两个方向上都提供同样的稳定性，每隔一个构件旋转 90°。

然后开始安装第三层。四个单元把一个空的方格围在中间，它的上方就是安装第三层的位置。铁链继续向上延伸。跳过一个方格之后又一组单元在地面搭建完成。之后又是一组，然后我们在最高层又安装了两个十字。结构就这样生长。原计划是按照正方形的平面搭建一个长方体。但安装过程中我们注意到了风对结构的影响，我们发现如果顺应风向的话可以造出更高的高度，并赋予构造物一个更自由更有机的造型。越造越高之后我们看到结构的自重给纤细的腿施加着压力。造到第七层之后我们停了下来，这时的高度是 13.5 米。

想象力是一切。如果无法简单解释，说明理解不够透彻。

我们安装了 49 个构件，又在上面悬挂了剩余的（201 个）构件。结构的五分之四悬挂在地面上站着的五分之一上。现在我们可以检验一下这个构造，看看能否修改重力法则。

"飞蛾"在一年中最黑暗多雨的季节里为卑尔根的居民们带来了光和色。点亮它的是经过编程的灯光系统，会随时改变强度和颜色——这又是来自极光的灵感。构造物自己也为城市生活而着迷，觉得站在那儿挂着不动有些无聊。它勾搭上了南风，在南风的帮助下，"飞蛾"开始在脚下的节日广场（Festplassen）上斜向游荡起来。政府有关部门可没有批准这么个高 13.5 米的庞然大物在城里到处乱跑。我们只好把"飞蛾"又追回来重新在广场上拴住。

"飞蛾"大暴走的原因是结构中没有任何固定的连接处。地面上的脚是由上面悬挂构件的重力加

规则的开端，不规则的生长。空间构造就此产生。

规则的十字系统控制，并由直觉决定偏差。这些偏差既为结构提供了空间感，又提供了强度。强度是必须的，因为单体之间是互相独立的——只有铁链把它们连在一起。

不同的木构件并不坚固，受力越大弯曲越厉害。因为承受所有构件总重量的只有构件的五分之一，所以大幅的形变在所难免。我们创造的是一个灵活的空间结构，同时承受自己的重量。几何学上，"飞蛾"相对"棍塔"来说有两个主要区别。首先单个构件没有直接接触，另外单体是一个精确的 X 形，只是放置在一个混乱的系统中。识别性——混乱中秩序提供了一种即时的安全感。因为构造物不是固定在地板上的，所以它很难抵御南风。

数字应该用来测量和量化明确的事物，而不应该用来追述缺失。

另外还有一个值得注意的重要现象，那就是结构受到外力的时候，产生了某种新的强度特性而没有垮塌。取而代之的是形变。

从这个项目中工程师可以学到很多东西。这种组装方式的构造有许多承重的可能性，而且受力时反而更结实。如果能利用这一原理那就太好了。但工程运算的结果还差之千里，因为工程运算是建立在结构几乎没有形变的基础上的，能够容忍的形变系数非常微小。但在自然界并非如此。树会摇曳，身体在推搡中会凹陷。有人认为许多建筑能幸存下来是因为它们能吸收自然的力量。木板教堂的框架与网格之间的互动正是利用了这一特性。他们认为我们并不是在分析结构的功能，可能更糟糕的是，事实证明我们只是在尝试简化我们的建筑构造来套用我们的理论——不是为了让它们更好用，而只是为了让我们计算起来更方便。

上与地面之间的摩擦力固定的。只要适当的风力推动结构的上端，结构的最外侧就会脱离它的摩擦平面并开始移动。因为结构是悬挂的，所以也不存在任何防治它侧移的支撑构件。"飞蛾"暴走场面壮观，最后我们不得不把它拴到栅栏上。

从有到无相当于从两个方向离开而到达外部。

"飞蛾"也可以称作混乱结构。它由稳固的平面构件组成——铁链捆绑的十字。混乱部分由底部

多个不同的自身悬挂结构方案经过推敲。

多个模型经过测试。

然后我们进行了全比例原型的测试。

两个构件站在地上，两个构件悬挂其上，更多构件可以进一步悬挂，如原理所示。

预制生产在木工坊中系统地全面展开。

飞蛾

预制构件运到节日广场——卑尔根的中央广场。

工作人员全力以赴搭建不同的构件。

工以为学：北欧木结构试验

工以为学：北欧木结构试验

一个构件一个构件，构筑物渐渐向天空伸展。

在地面上，构件成方形网状排布。

工以为学：北欧木结构试验

飞蛾

灯光变化让构造展现全新的面貌。

工以为学：北欧木结构试验

飞蛾

谢谢
Arigato

转换到木材上，这一原则就成了木段上垒木段。从这一原则发展出了井干式构造、各种榫卯结构：槽口榫、指接榫、眼尾榫、企口榫、楔钉榫等技术，造就了许多精彩的手工与工艺细部。通过木材与木材的堆砌发展出了大型木结构构造和墙面与屋顶之间的非凡线性互动，这些在全世界都是木结构建筑的标志。东方的寺庙建筑尤其激发灵感——日本建筑对材料的关注是独一无二的。

堆高本身就是非常激发灵感的活动——特别是观察和体验垮塌之前能堆多高。我们到底能堆多高？

堆砌就是寻找平衡。只要不受外力干扰，是重力——即重量——压住了构造物。在此，我们要用木块尽可能地堆高，最下面的重量必须承受住上面所有的压力。受高度和总重的制约，我们必须接受木段某种程度的形变。木段与木段之间的接触面积只有5×5厘米，所有的重量都集中在这么小的面积上，压强会非常大。

"无"与伦比。"无"中生有。

构造物必须在室外经历风雨。另外，我们知道秋天风大，会增加额外的风压。木塔越高，侧向应力和扭力就会越大。应力便宜？会造成所有重力集中在外侧的一个小接触面上。由于侧向应力的存在，重力和拉应力必须反向抗衡——不然塔就会倾覆。所以必须建造一个可以抵抗拉应力的基础。这就是固定柱的基本原理。

我们要堆得高，为了达到足够的稳定性我们放大了结构的基面，让它站在三条腿上。每条腿由两两交叉的5×5厘米木条互相堆砌组成。在每条"腿"的四个角留出了连续拉索的索孔。拉索固定在重量足以拉住整个构造物的钢制基础上。

上回我们做了一个悬挂的方案，这次我们要造个站着的构造。最古老的建造方式就是石头上垒石头。

堆砌的时候最重要的是重力。

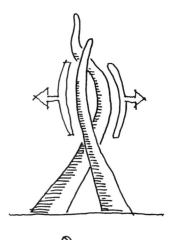

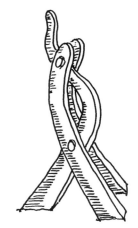

不可能用数学方式计算我们究竟能造多高。因为可变的参数太多，比如木材的抗压强度、材料的同一性、建造的精确性和不可预测的风力。又是那些直觉建筑工在作业。预估的高度极限是 10 到 12 米，但目标是造得更高。站在 10 米跳台往下看就能感受到这个高度。无需隐瞒，超过这个高度之后，每加一层都需要评估一下可能性。高度超过三四层楼，建筑团队从攀爬构造物本身改为使用升降机继续搭建。工地周围封锁了起来。只有继续往上造。唯一可能发生的情况就是结构垮塌。这也是我们追求的目标——越过界限——工以为学。

为了赋予构造动态造型，弧线需要向上悬挑。悬臂和弧线的垂度必须尽可能地展开。构造物有三条腿，它们在中间连接。之后每条弧线都各自上攀。构造物必须在中间连接以稳定并提供最大强度。这也在造型上提供了优雅的线条和轴线。

创造即实验，别无他法。

"无"的状态是不存在任何事物的状态，或是一"无"所有的状态。

我们希望一个流线形的结构。为了制造流线形，木块必须先越悬挑越远，然后重新向中心轴接近。为了使结构尽可能的活跃而动感，尽可能悬挑得远也是一项挑战。我们也必须注意用来保护木块的固定拉索产生的张力不会把曲线拉倒。我们从三点，或者说三个平面出发向上建造。堆砌和拉

索的组合给我们契机尝试一下曲线究竟能悬挑多远。我们的直觉也告诉我们这个方法也能在构造承受风压时提供弹性。三只脚或弯曲的柱子固定在地面在中间交叉并在顶端固定在一起。它们通过在中间化解屈曲长度来彼此加固。曲线中的张力也提供了三根柱子承受一部分扭力的能力。换句

工以为学：北欧木结构试验

话说，结构与风力合作而非抵抗。风力的影响由于结构本身的弹性而传递到整个结构中。这种形变把应力传递到整个构造物中。作为整体的结构要比每一个单体构件坚固得多。我们把曲率的密切？圆半径提升到最大来测试这一原理。站住了！

从"无"中来，到"无"中去，"无"永恒的改变。

构造物本身就是一根固定柱，因为受到日本建筑启发，我们给它起名"ありがとう"。作为基础的四根钢柱总重 16 吨。2 288 个 5×5 厘米截面的木块被兢兢业业地一一堆起，一共打了 4 576 个贯穿拉索的洞。15 个人堆呀堆，构造物缓慢而坚定地指向天空。一周之后目标达成。顶端放上了一个咖啡杯，拉索收紧。"ありがとう"高耸到 20 米的空中。

"ありがとう"风光无限。结构丰满，但不管是在阳光下还是在冬季的黑暗中被照亮，它都透着一丝轻盈。就这样 5 厘米接 5 厘米再加 5 厘米地长，长到了挺开阔的高度。风吹雨打，它都无动于衷。说实话，"ありがとう"确实越来越佝偻。构造越来越前倾。作为一种有机材料，木材会随着湿度的高低而膨胀收缩，不同的木块由于不同的细胞结构所能承受的重量也不同。400 个木块堆成这样的高度，这些变化就都显现了出来。我们也可以再次收紧拉索，但作为黑暗中的亮点几周之后，我们还是让它光荣退休了。"ありがとう"（日语"谢谢"的意思），鞠躬谢幕。

"无"就像风，看不见但感觉得到。

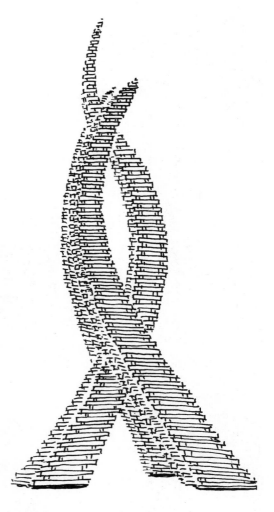

这个项目的目标是搭建 20 米的高度。

草图设计和头脑风暴之后，我们开始进行第一次全比例实验。这个实验
的目的是测试悬臂多长时堆砌结构会倾覆。

构造物每一条腿的每一个角都打了洞穿了钢丝。构造物一层一层堆砌。

越堆越高。

工以为学：北欧木结构试验

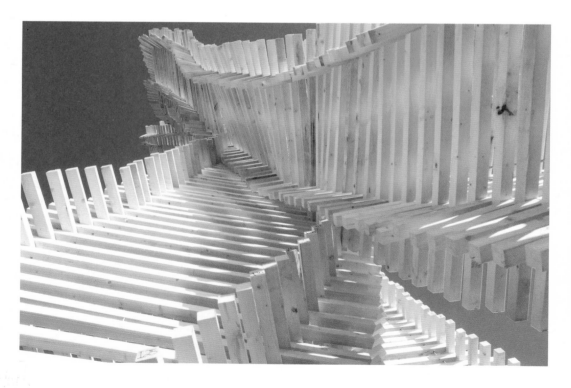

看到没有，顶上放了个咖啡纸杯。

工以为学：北欧木结构试验

像之前的作品一样，围观群众好奇这个构造物是怎么可能实现的。

谢谢

心情捕手
Mood Catcher

在"ありがとう"中最后两个人在上方堆砌，同时 13 个人在地面监督。这次我们要改变管理模式，争取让 13 个人工作两个人监督。换句话说我们要造一个躺着的东西，然后把它竖起来，或者先在地面上建单体，再把它们叠高。

问题是我们能造多高。简言之，最麻烦的事是在卑尔根当地找一台伸得最高的吊车，最后我们找的一台，可以够到 30 米。要想造更高就得去别的城市找吊车，我们的实验成本不允许我们这么做。在几天之内建造相当于 10 到 11 层楼高——即 30 米高的建筑物本身就是很具价值的挑战。

20 人的建造团队将接受挑战，寻找不同的模数方式来往高处造。我们想使用一种理性的方式建造。也就是说结构需要在重力和扭力最大的地方进行加固并在受力小的地方进行缩减——但不改变构造物的外观。结构应当轻巧优雅。

"无"是完美的，但宇宙中有任何界标来标注无的发端吗？

我们先进行了一些初步试验，通过一些结构和几何模型来尝试达到一定高度。我们以马鞍形测试了双曲面。取一个矩形抬起相对两个顶角，另两个顶角下坠，即能得到马鞍形。双曲抛物面是一种可以用直线构筑的双曲面。我们把这种曲面置于一个旋转体内——一个包含顶圈和底圈的圆柱体。圆柱体的侧面由互相交叉的斜撑组成。这些斜撑构成一个无法静态稳定的平行四边形系统。构造的稳定性建立在顶圈、底圈与斜撑相交的地方形成的那些静态封闭三角形中。交叉点将在形成三角形的地方用螺丝固定。以它的双曲面和锁死的斜撑和三角形，圆柱体获得了特殊的强度和稳定性。顶圈、底圈与新的单体连接。

这个项目的条件是以最少的材料达到最大的高度。如果我们想要造得高，"ありがとう"得到的经验是大部分建造工作应该在地面完成。

以圆柱形或圆锥形作为基本形式，下一步就是在

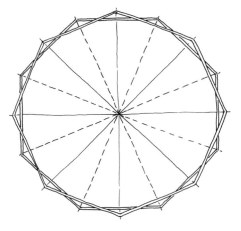

顶圈与底圈为两个八边形，错开角度形成 16 个角点。

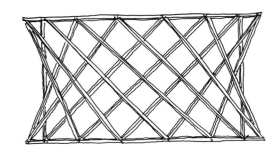

双曲面和许多三角形支撑提供构件强度。

造型和视觉上做工作。技术上可以采用的设备就是之前提到的那个可以举到 30 米的移动吊车。我们要最大程度地利用这个吊车，于是给它加了个增量，把结构高度设定为 32.5 米。

非学无以广才。"无"是代词，没有什么是偶然的。

构造物在底部没有设计基础或底座，所以必须通过自身足够的重量来防止倾覆。这就意味着需要一个底部，即具备提供足够稳定性的底面积，又不至于看上去太笨重。

造型上塔看上去应该是高耸的，所以我们尽可能得让它"瘦身"。底面积设为总高的四分之一。随着单元周长的不断减小，塔将展现纤细的外观。但又必须加以足够的重量来保证强度和稳定性。随着单体的比例和形态的改变，我们将为塔身创造一种轻盈的节奏感。

这次使用的材料尺寸依然是 5×5 厘米。一定距离之外，5 厘米宽度并不显眼，使用这种材料的可能

性来创造一种近乎透明的类似织物的构造对我们来说非常重要。

缺乏实验的结果总是意味着：卑鄙无耻的文明和迫在眉睫的堕落。

圆柱形单体要在地面建好。每个顶圈和底圈都有两个八边形交错成为十六边形构成。每个单体的顶圈和底圈直径不同，但下层单体的顶圈与上层单体的底圈直径完全一致。建造时顶圈架在设定好理想高度的框架上，来安装侧面的斜撑。斜撑的位置由圈的几何特征决定。16 个构件向左侧由底至顶偏移四个顶角，另外 16 个构件反向。底部的单元会承受最大的力，所以在同样的几何形中加入了额外的支撑：最下方的一组为三重斜撑，而它上面的三组为双重斜撑。最上面的两组只使用了一半的斜撑。斜撑的线性互动看起来开放且通透。所有单元的曲线轮廓为塔形结构提供了特质。

最下面的单体由加起来 12 吨重的 12 个水桶压住。水桶放在一个固定在顶圈上的底板上，围成圈藏在塔身内，以尽可能的隐形。塔里面灌

工以为学：北欧木结构试验

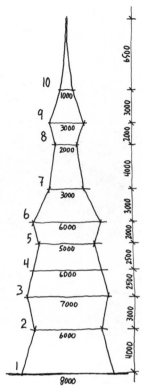

塔分成不同的构件，以形成节奏和向上的趋势。

满了来自毗邻的小伦郭湖里的水。

设计堪比艺术，即把形式和内容结合的方法。

十个单体建造完毕，激动人心的组装工作可以开始了。单体一个接一个装好。由于强冷空气加上风暴来袭，安装工作困难重重，花的时间远比预计的要多。漫长的一天一夜之后，顶终于就位了，32.5 米高的建筑物在卑尔根格外显眼。

塔是一层空壳。走入其中抬头观看几何结构是一种特别的体验。为了在黑暗中为高塔营造气氛，除了地面上的灯光，探照灯另分三层照亮塔身。不同的灯光设置赋予塔身不同的气氛。一个学生把构造描述为捕捉气氛的笼子。

"无"是缺乏重要性、兴趣、价值或意义的标签。一切从梦想开始。

"心情捕手"由大约 900 根加起来总长 2.4 千米的木条搭建而成。总重约 2 900 公斤，对于 32.5 米高的结构来说少得不可思议，相当于普通标准层高每层 260 公斤。这次又是材料与形式的结合提供了惊人的结实构造。"心情捕手"是双曲抛物面系统化的应用。

所有的圈都是预制的。

两个八边形一组错位摆好。

加固系统分两组放在最底下。

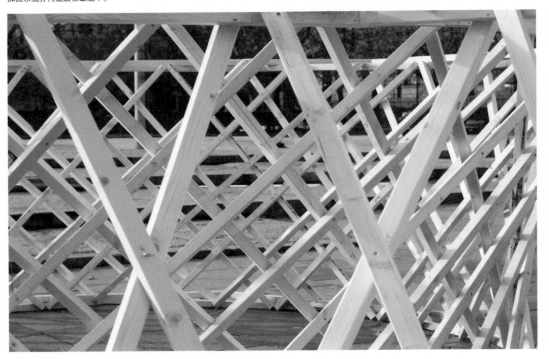

构造物中出现的绝美线条和图案。

最后一个构件，塔尖已完成。

各异的构件准备就绪。

　　　　　　　　　工以为学：北欧木结构试验

构件一件一件向上叠加。

高塔缓慢但坚定地生长。

　　　　　　　　　　　　　　工以为学：北欧木结构试验

夜幕降临，最后一个构件就位。旗帜在 32.5 米高处飞扬。

工以为学：北欧木结构试验

工以为学：北欧木结构试验

心情捕手

猎人
Hunter

在通过不同的构造原理和体量研究了一系列竖向结构之后，该是试验一下桥梁结构的时候了。

我们先在地面上设立了一个稳固的基础，然后将其侧放，在不需要竖向支撑的情况下在合理的范围内尽可能建得长。桥面本身由如今已经很熟悉的材料5×5厘米的木条建成，从以前实验的经验启示出发，我们对双曲面进行了新的探索。为了在建造的第一阶段获得足够的稳定性，我们决定将瓶装桥身的核心部分平躺在地面上，之后让它翻身"趴着"，以便用吊车把它举到理想的位置。我们先发展出了构造的主要原则，然后直接在搭建场地上把草图以一比一的比例试建了出来。木条在地面一根一根排成曲线。关注点在于找出桥跨方向的最佳构筑形式。以木条最大标准长度5米作为出发点，我们把两根木条上下叠加。然后把它们错开形成剪刀状，以连续的三角形形成曲线。构造物从地面升起依靠在支撑梁上时将展现出一种动态的效果。为了加固这种动态的形式，我们在木条的终点处作了特殊处理，使指向后方的木条出头。以此构造物在上升和前倾时获得了一种富有冲击力的表达。

"无"以永恒。道可道非常道。

曲线最薄弱的地方是三角形交汇的地方。三角形自身的结构高度为40到60厘米，而它们交汇的地方不超过木条本身的5厘米厚度。现在我们在已经在纵向得到了一根曲线，但为了形成双曲面还差横向的处理。我们通过横向添加木条把桥梁结构编织在一起形成结构宽度。平行排列的三角形在交汇处横向形成曲线至关重要。这决定了构造跨度方向的强度以及曲面理想的结构高度所需要的抗扭强度。以3米的宽度作为基础，结构的横截面成对称的波浪形——两段抛物线以60厘米的拱高对拼。凭直觉我们预估桥跨可以超过10米。最后我们建成的结果是13米，拱高3.5米，由七个三角形组成。

视觉化你的愿望，看着它，感受它，相信它。创造意念的蓝图，然后建造。

造型来自向上翻卷的双曲面。

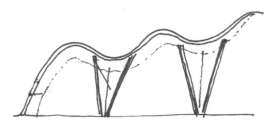

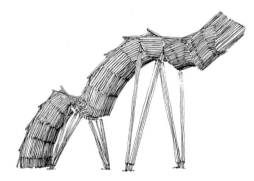

四组木柱像腿一样支撑曲面造型。

为了让桥跨获得更大的柔韧性和自由度，我们又造了一跨，从一对柱子逐渐上升到另一对柱子。这一次曲面更平缓一些，但跨度更大，并在收尾处悬挑了出去。完成的构造物总长约 32 米。

之前提到过，构造物是侧躺着在地面上建成的。木条叠木条搭成高一米截面为曲线的曲面。然后我们旋转整个结构，造另一半一米高以中心轴镜面对成的结构。之后构造物被举起来以正确的方向"趴"放在地上。这时的宽度是两米，为了达到理想的宽度我们在两侧分别补充了木条，直到达到 3 米的目标宽度。

激动人心的时刻到来了。两架大吊车将举起构造物以便建造支撑梁。构造物缓缓升起——装上柱子，稍作调整，再通过地面上混凝土桩把结构锚牢。

在安装支撑梁并松开缆绳之前我们要以不同方式测试一下构造。我们给它施加了足够的力，以保证它能承受气候环境带来的作用力。已经得到了暴雨和强风的预警。让我们吃惊的是，在没有安装中柱的情况下，构造物居然已经可以站立了。我们放松缆绳，桥身以 26 米的跨度站住了（虽然只有自重并有一些摇晃）。之后我们又收紧了中间的缆绳松开最外侧的缆绳，看看它能不能承受

这个方向的应力。随着巨大的悬挑跨度，地面上的尾巴渐渐翘了起来，我们给尾部施加了额外的重量。我们小心翼翼地松掉绑在外侧立柱应该支撑的位置上的缆绳。站住了——尾部锚牢，中间立柱支撑总悬挑跨度为 17 米。这个悬挑跨度远远超出了我们事先预估的可能。

虚（即"无"）有别于空间，不予考量。

在炫目的灯光照射下，构造物在卑尔根市中心的节日广场上顶着暴风骤雨站了三个星期，在秋天的黑夜中蔚为壮观。木材再次以它的特殊性质让我们惊艳。我们以材料与形式的互动向之发起挑战，并相信已经把它逼到了极限。但它再次向我们证明还有进一步的潜能。构造物得名"猎人"，以示我们继续"狩猎"并探索木材的构造、结构与材料特性的决心。

就像艺术有多重定义一样，设计也无法一言以概。如此简单，因此这般复杂。

材料还是以尺寸归类摆放。

构造的中断面。

工作人员建造构造物的半宽。

第一部分建成 1 米高的圆弧。

继续每侧半米半米搭建，直到大到总宽度 3 米。

"身体"准备安装"腿"。

四条腿由四组木柱建成。

卸下支撑脚手架，构造物即将被举起。

工以为学：北欧木结构试验

猎人

秋季的雨夜，"猎人"给人以强烈的视觉感受。

泛光灯强化了构造物有机形态。

桥
The Bridge

我们能不能找到一种可以复制的单元构件形式，这些单元构件组合之后可以承受必须的应力？

这次我们选择的场地是卑尔根市中心滨海的沃根峡湾内侧。这里有一个地方从一侧的码头到另一侧的码头宽度为 24 米。在这里建一座桥首先对城市空间来说是一种面向峡湾开放的美妙的视觉元素。对于功能来说，桥本身并不能有效地缩短路径，但站在桥上眺望峡湾将是美妙的体验。

亚里士多德探讨过为"无"引入符号的可能性，但最后他摒弃了这个想法。零属于理想世界，他争辩道，无法用作真正的数字。因此不应该赋予它数字符号。
亚里士多德指出：你无法拥有某个事物"无"的部分。

我们的出发点这次也包括挑战木材的构造属性——结构与视觉表达。从结构力学研究角度，是时候测试一下木材承受弯矩的能力是否与承受拉／压应力的能力一样出色了。概念是测试一种拉伸的形式，使受力同时激发木材的弹性和强度。我们发展出了一种由两段弧组成的模块。两段弧之间由一段横撑撑开。弧的上下两端彼此相接。这种弧形模块我们称之为"叶子"。

模块以一半宽度的偏移连接在一起。以此我们得到一排三角形。三角形由中间的横撑与两条弧边组成，形成静态稳定的形式。三角形以上到模块的顶点形成一个四边形，这是一种不稳定的形式，所以可以跟着受力大小的变化而改变。随着向下的重力作用，中轴横撑以上的四边形会压缩，横撑以下的四边形会拉伸——这与汽车的叶片弹簧是同样的原理。所以一开始我们发展出了这样一个基于木材的强度和弹性会随着应力移动的构造。在受力的情况下模块的上方压缩，下方拉伸。

今年的挑战是造桥。像过去一样，出发点是使用最少的材料、极细的尺寸以及形式与材料的结合。

以这一原理我们要造一座跨度 24 米的桥。设想一下，要是造一座水平的桁架梁的话，根据经验，结构高度将相当于跨度的十分之一——换句话说

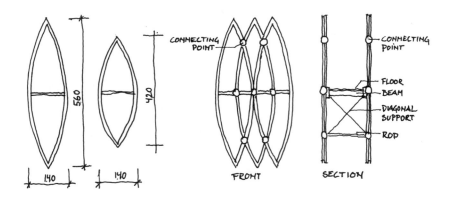

CONNECTING POINT

CONNECTING POINT

FLOOR BEAM

DIAGONAL SUPPORT

ROD

140   140

FRONT   SECTION

叶片，节点和桥的剖面。

就是 2.4 米。把桥的两端固定在两侧的码头边缘，再升起桥身的中央部分，我们就会得到一个双层拱。这在构造上是有优势的。结构高度可以减小，材料尺寸也能更精细。为了达到这个目的，桥身必须套高到跨度的六分之一。

所有美好的建筑原理都源自人的原理。这让我们知道并记住我们是谁，因为伟大的建筑都为永恒而建。

我们要测试一下基于"叶片弹簧原理"发展出来的构造原理，同时又要保证桥身全面受力时的安全性。如果"叶片弹簧"受力过大，我们就必须加固结构。在结构中增加了一根张力丝之后，我们得到了一连串三角形，在一个拱跨中为我们提供了两组桁架梁。这是可以通过相关建筑技术要求和受力情况计算出构件尺寸的。于是我们在主体结构中又加入了一道辅助结构来加固实验构造。

我们计算得到的辅助结构的尺寸成了控制"叶子"的比例和大小的参照。从桥面压缩梁到穿过三角

形的张力丝的结构高度最少也要 1.2 米。根据我们设想的连接"叶子"的方式，这决定了叶子的四分之一高度。我们画出了"叶子"排布的视觉化草图，最戏剧性的发现是中间的单元构件要比边上的大。所有"叶子"中间的宽度都是 1.4 米。高度从中间部分为宽度的 4 倍（即 5.6 米）向两边递减到宽度的 3 倍（即 4.2 米）。

提出新的问题、新的可能，从新的角度看到旧的问题，这些都需要创造性的想象力，并标记出科学的真正发展。

这就是从过程中产生的构造。项目的建造过程从现场勘查、想象和画草图开始。12 个学生——其中 11 个女生 1 个男生——决定接受挑战，他们得到了来自艺术学院热情的专业支持。第一个工作日从一张足够容下所有人的大桌子上铺满的一张大白纸开始。问题很清楚——我们要依靠预制构件建造一座跨度为 24 米的桥。午饭之前是自由草图阶段，我们更换座位，交流邻座的想法。午饭之后是总结，我们选出三种构造原理继续发展。之后的半小时中参与者每五分钟换一次

工以为学：北欧木结构试验

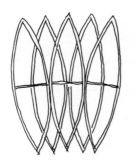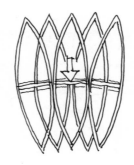

构造的主要原则和我们需要测试的地方。

座位。一个方案惨遭否决，还剩两个。之后又是新一轮推敲和理论分析，又过了半小时，我们手中就只剩下一个方案了。现在我们可以视觉化并描述我们需要建造的东西了。这一天工作结束之后我们把草图和完成的图纸发给了构造师和结构工程师，由他们再进行测试。答复第二天早晨就发了回来，我们可以开始领取试验材料了。在试造了一片"叶子"之后，我们就下单订了五公里的木材。第二天生产工作在学校的木工房开始，在三个漫长的工作日之后，项目团队生产了 82 片"叶子"。

"叶子"拼在一起的两条弧边必须层压。我们逐渐降低层压板的厚度并通过弯曲来测试直至达到满意的弧度。我们发现理想的厚度在 15 毫米到 20 毫米之间。三片 17 毫米的层压板加起来是 51 毫米。加上 52 毫米的宽度，就很接近我们的标准材料加注册商标 5×5 厘米了。我们在"叶子"中采用的胶合层压板可以在受过大应力的情况下弯曲。材料质量随着使用的原木而变化，我们没有

使用完全一致的木材。胶合的过程是使用夹子和螺丝手工完成的。当我们意识到弧长方向上会出现许多接口处时，我们把层压板增加到了四片。承重的弧变成了 52×68 厘米。首尾相接的地方靠胶合板加固。

"无"以永恒。

好好休息了一个周末之后，我们在海边围出了工地。两大车预制"叶子"和附属构件从学校运了过来。全长超过 30 米的桥要先侧躺着在地面组装。躺着把"叶子"们组装成拱最方便。我们先把一半的"叶子"连成一串。每串应该由 21 + 20 片"叶子"空过侧移板片叶子的宽度组装而成。21 片宽 1.4 米的"叶子"加在一起等于桥面长度 29.4 米。沿着弧边的中轴我们现场层压了一根承重梁。我们又用了几桶螺丝和几桶胶水。承重梁将承受压力，计算得到的截面积应该为 100 平方厘米，也就是 12 片 17×52 毫米的层压板可以得到 5×20 厘米的叠层梁。这是用来支撑固定桥面与地板的那些小梁的。之后我们又相应地层压了第二根梁。在这

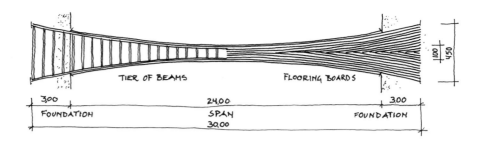

TIER OF BEAMS   FLOORING BOARDS

100
450

300   24.00   300
FOUNDATION   SPAN   FOUNDATION
              30.00

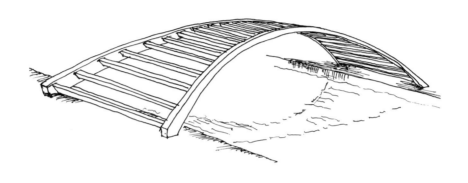

根梁上我们把剩下的"叶子"拼成了与上一排叶子镜面对称但位置相应的弧。

万物皆美，但非众人皆知。各种各样的美，在其至高无上的发展中，总能让敏感的灵魂潸然泪下。

从上往下看，桥的起点宽度为 4.5 米。这是为了让桥在码头上的落足点具有一定的稳定性。桥身向中间逐渐变窄，到中央位置只有 1 米宽。这种形式看上去纤细且灵活。

现在我们有两串侧梁平躺在码头上，我们选择让桥保持"侧躺"的姿势完成建造。下方的侧梁在中间位置抬起到 1.75 米高度，两段成拱形朝地面垂落。而后第二根侧梁架在上方。中间抬高 1 米，相当于桥身完成后中央段的宽度。这根侧梁以与

下方的侧梁镜面对称的形式用小横梁与之连结。于是两段就达到了离开地面 4.5 米的高度。相当于引桥落足点的宽度。

在中间一根根地板横梁之上安装好桥面地板。为了粘接主梁和横梁，桥面的地板跟着侧梁弯曲。这使得桥面中间出现了敞开的缝隙。

设计不只是外观和感受。设计是功能。美不是制造出来的。美是存在。

桥两端的基础平台建完之后，我们可以进入安装阶段了。整个建造过程听起来可能很简单，但全程工作十分艰辛。整日整日的雨雪交加，风吹日晒，大约 2 万个螺丝就各位。一群热心的观众围观了建造的过程，并在周围喊着激励的口号。

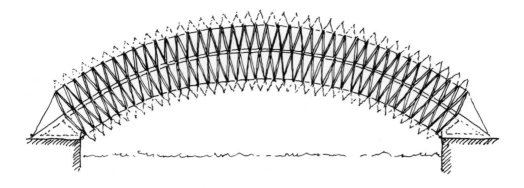

根据主要构造原则构建系统。叶片连接在一起组成巨大的拱。拱的高度是跨度的六分之一。

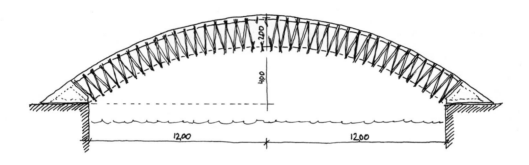

增加一根拉结钢丝，即形成了一系列三角形，组成两根拱形桁架梁。

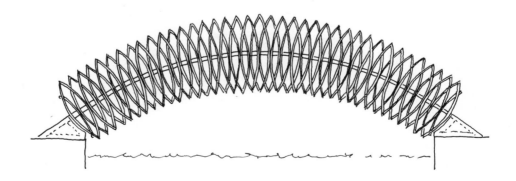

在桥的上端再增加一根钢丝，以加强桥身对抗不均匀应力（一侧受到重压）。

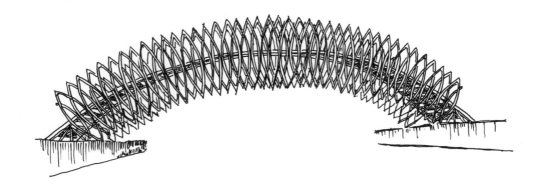

总算到了把桥升起来并放到理想位置的时候了。两架吊车拴住构造物慢慢把它抬起来。之后我们花了好几个小时调整基础平台，然后桥的一端就可以抬起来送到对岸去了。终于放稳之后，桥的两端在码头的两岸锚牢。终于可以剪掉保险绳和运输安全装置的时候大家都非常激动。一个一个摘除之后，就只剩桥站在那里，骄傲而优雅。第二天就是开幕仪式。我们尝试了不同的灯光设置，不同的角度和颜色。一些小修小补小细节，桥面陡峭的地方装上了横肋作为台阶，同时调整了一下张力丝和侧向的保护措施。

开幕仪式很棒，有发言有合唱，还有一大堆观众捧场。水下的灯点亮了。沃根峡湾亮了起来。桥上的灯也亮了，剪了彩，人们兴高采烈地过桥。

我喜欢谈论"无"。我一定是"无"创造出来的才会感觉那么空虚。除此之外我一无所知。

桥成了热门景点，同时在桥的最顶端会面的人可不止两个。显然可以容纳更多人。足够的空间是一码事，但我们居然还看到超过 50 个人站在桥顶高举双手放声大唱并同时向城市与桥发出了一声欢呼。

站在桥上朝峡湾眺望风景独好。桥看上去如此轻巧，让站在上面的人不由感到有些晕眩。

关于我们所说的"叶片弹簧原理"，显然桥可以承受的重量远超我们的想象。桥身上下连在一起的"叶子"是一个开放的弹性结构，力传导到无数的关节处并使之加强。目前这只是观察后的猜测而非仪器精准测量的结果。我们知道的是二级／保险结构并没有全面启动。构造物的薄弱之处在于它易受侧向倾覆力作用的高度。我们在那里使用了拉索加固，但稳定性也可以通过使用更坚固的基础或与码头更牢固的连接来达到。

日日夜夜连续工作了三周之后，我们之中乐于拆掉那 2 万个螺丝的人已经所剩无几了。我们决定把桥作为礼物送给目的纯良的人。申请比我们预期的多。最后决定由 489 座岛屿组成并以一座桥作为徽章的艾于斯特尔海姆市接管。桥作为该市的标志物，将成为团结与对未来充满信心的象征。桥被一架吊车抬起放到渡轮上驶向那个海岬之外岛屿密布的地方时，真可谓蔚为壮观。

工以为学：北欧木结构试验

测试了木材的弹性和弯曲能力之后，第一个单元构件建成。

3 天周期，82 片叶子完工。

材料和建成的叶子从工作室运往港口。

三卡车建筑材料渐渐占据港口人行道。

桥

主梁在现场组装。

这是对面的第二组梁。

第二组梁装到束柱上。

梁的两端抬高，这样桥面的步道越靠岸就越宽。

两组梁按一定举离安装好后，就可以安装、固定叶片了。

节点以叶片同样的节奏安装。

桥面步道中央宽1米，两端宽4.5米。

桥面地板装在纵梁上，纵向延伸，紧靠节点。

桥抬起前的最后调整

工以为学：北欧木结构试验

桥

桥

工以为学：北欧木结构试验

桥

桥在卑尔根成为公众的焦点。人们远道而来只为过个桥。

工以为学：北欧木结构试验

最多 50 人同时站在桥上。

警方也开始关注这一事件。

在喜悦的卑尔根观众面前展示了一周之后，桥将转交给新的主人。

作为交流、连接和展望的象征，桥离开了城市，迎来了海上的旅程。

桥作为整体从港口运上渡轮。

桥

结语
Conclusion

美的意义
Beauty Matters

本书所介绍的实验性木结构专注于木材的构造特性以及它所固有的美感。木材在不同建造形式的挑战下所展现的丰富可能性通过这些项目得以呈现。

这样的工作可以激发美的认识。挑战者们必须时时刻刻既依靠直觉又有意识地处理比例、平衡、线条、尺寸和和谐等各种可能性的选择。当一种形式可行时，即表示它具有积极的特性。

佛教中有涅槃之说，即灵魂终于从肉身负累中解脱出来时的精神状态。欧洲思想家们却总是漫无目的地绞尽脑汁。

当我们回顾这些实验时不难发现，它们在参与者中激发了巨大的热情。在美学（新拉丁语 aesthetica，来自希腊语 aisthesis，意为"从感官获取的知识"）中实践劳动会开启人们抽象的解析性思维之外的其他思维方式。这是基于感官的创造性过程，发生在"此时此处"。建造木结构构造的过程中我们时时刻刻以原材料为基础。这种美学方法是基于木材毫无修饰的原貌，即构造与材料潜质都是可见的。正因为这种诚实的美学表达，木结构在人群中激发出了许多热情。这意味着通过双手朝着一个可见的具体的目标思考，形式感官成为最重要的原动力。这为构造与材料的新体验与经验铺平了道路。

感官体验在任何时代都对我们的选择起着重要的作用，外形与迷人的美感对我们每天的生活都具有重大的意义。这告诉我们美本身就是一种可以唤醒感觉的力量——美感。美让人赏心悦目。这让人想起古代的思想家曾描述过的概念："真、善、美"其实是同一件事物的三个方面。对那些古代哲学家来说，真的永远是善与美的，美的永远是真而善的，而善的也永远是真而美的。

所以本书中的木结构实际上不只是构造实验：它们也是艺术的表述（artistic statements）。每个方案的主要目标之一就是构造物必须是美的，并让观看者感到快乐——就像 1905 年挪威作曲家爱德华·格里格站在新的哥本哈根市政厅跟前的感觉一样："能够全心全意毫无保留地表达出对一件艺术作品的激赏，哪怕只有一次，也是让人欣慰的事。我就是怀着这样的心情站在新的哥本哈根市政厅面前的。丹麦的技艺很少如此让我流连。最先打动我的是这简洁高贵的主线。然后我沉浸到了那许多精美而灵气十足的细节中，简直让我着迷。确实如此，细节是丹麦梦幻生活中最宠爱的孩子，它们在此显得如此可爱是因为它们就像是从丹麦的自然与思想中直接生长出来的一样。最后我重新审视那引人入胜的整体，不容置疑，对于美可以找到如此至高表达的新一代丹麦人，必将胜任更重大的文化使命。"

当卑尔根的市民们在鱼市看到木构桥的时候，他们微笑着脱口而出："棒极了！"他们意识到桥不仅是跨越障碍用的构造物，它也可以承载某种美学特质，使之不仅被欣赏而且被热爱。就像挪威极地探险家弗里乔夫·南森曾说过的那样："让世界翻天覆地的不是灰暗的理论，不是微不足道的冰冷真相，不是创造进步的公式——而是美。"

残缺中也存在着一种美。

工以为学
Beauty Matters

"实验木结构"是对木材特性游戏性的尝试与探索。我们在这里提到的"游戏"这个词是完全有意识的并且是严肃的。

因为这个词相对于理性严谨的科学研究方法来说提供了另一种自由。这些实验过程中提倡的探索性活动，使创作过程并非线性发展而是随着尝试的结果不断变化。如果我们建造的东西垮塌了，就必须尝试新的想法，测试新的可能性。如果成功了就只有继续前进——越来越高，越来越长。游戏带来体验，体验带来经验，而经验带来知识。简而言之就是实践出真知。"工以为学"（learning by doing）。

显然没有什么是不会发生的。没有什么可以取代经验。设计师达到完美时不只是无以复加，而且同时无以复减。

游戏还有一项研究不具备的特质，即包容性。游戏的状态启发合作与互动。游戏本身就有一种让每个参与者都能体验到的凝聚力。

我们如此重视游戏的意义，是为了邀请大家参与到一个富有包容性和挑战性的过程中，作为一个整体一起超越极限。游戏开启了一个不可预测的空间，在这个空间里任何意想不到的事情都可能发生。游戏对某些人来说可能听上去不够严肃，但在它"固有的游戏性"中，存在着无法计划或提前决定的因素。新的研究把这种因素描述成创造发展的空间。另外，游戏也是没有约束力的。

工以为学：北欧木结构试验

我们邀请人们参加这个过程也就是邀请人们自由开放地承担责任，并对发展出来的结果享有集体所有权。作为研究方法，我们专注于那些需要突破和超越的界限。

这些实验性游戏显现出两个特别之处，好奇心与暂时性。好奇心的重要性可能显而易见，但还是需要特别指出，我们对好奇心有意识的运用有多重要。在创造性活动中，好奇心是既定的最大最重要的资源。设想一下——它还是免费的。

暂时性带来了自由。计划、尝试并建造。在这类项目中，大家都希望大胆向前。但有时候参与者过于大胆，但或许也正是这个时候我们收获到最有用的经验。反正也不会保存下来。或者直截了当地说，不会作为实物保存下来。暂时性相对于持久性来说是完全没有约束力的。没有这种自由界限就不可能最大程度地突破。经验在那里。我们有些项目由于尝试过于大胆而没有在这里呈现。实话实说。方案站在那里可以骄傲地向人展示的时候我们确实得到了额外的享受。不久它们就会被拆除。这就是概念，不然实验很容易在它的过程中僵化。在我们这个时代，对于资源使用与劳动投入来说可能暂时听起来有些不负责任。但我们知道在我们游戏建造的这段时间里，森林中成长出来的树木远远超过我们用掉的木材。

"无"为而"无"所不为。

"实验木结构"是全比例空间实体。我们参与体力劳动的时候所动用的感官机能要大许多。这就使参与感与体验远比对着电脑屏幕发展和传播同样质量的作品来的大得多。另一个重要的地方是，对于专业交流与讨论来说，站在现场看着作品成长起来会赋予参与者更强烈的真实感。

我们以测试木材的强度作为这一系列木结构实验的开场。而成果展现出力量——特别是学会理解木材并结合材料与形式之后。与其他材料比较，木材是非常坚固的，如果按自重计算的话实际上比钢材还要坚固。但实验并不只是围绕强度较劲。一个最主要的目的是展示木材造型能力的广度并启发对木材的使用。我们已经见识了从坚固呆板的几何形到自由有机的构造——从概念化的设计途径到对节点强度的关注——从清晰明确到随机和反复。标准化预制组装方式与造型结合，通过重复、叠加、旋转、线性排列及有节奏的运动等手段达成个性。古老的神话与怪谈也为新的诠释赋予灵感。

我们有建造和处理木材的传统需要传承。从历史角度看，从建筑与物件中得到的知识和启发性的特质需要我们保护。但木材的意义绝不仅限于历史价值。作为可再生的有机材料，它也有未来。所以我们必须用我们的现在来游戏并挑战这种出色的材料，以此不断更新我们的传统。

生命就是实验。去冒险，相信你能做到，你就已经前进了一半。

致谢
Acknowledge

本书编创团队

Ole Vanggaard（教授、顾问）
丹麦皇家美术学院建筑学院参与了所有项目
每个项目约有 15~20 个兴趣小组、150 名学生参加
Frode ljøkjell（参与研究、室内建筑设计）
Øivind Eide（教授助理、技术人员）
petter Bergerud（教授、建筑师）
上述人员均来自卑尔根国立艺术学院

摄影：pål Hoff　Vidar laksfors　Petter Bergerud

项目团队

穹顶

学生

Ann Kristin Knutson

Frode Ljøkjell

Geir Hansen

Helene Opedal

Ingrid Aspen Helvik

Lars Christian Tornøe

Marthe Skaale Johansen

Marte Isachsen Knudsen

Maren Kleven

Marit Hope

Silje Hovland

Siv Lier Jahnsen

Stefan Tôrner

Stein Erik Hansen

Vidar Laksfors

指导

Ole Vanggaard

Øyvind Eide

Petter Bergerud

赞助

County Governor of Hordaland

Innovation Norway

The Norwegian Sawmilling Industry

Norwegian Institute of Wood Technology
Wood Focus Norway
Mjellem & Karlsen, helmets and ropes
Entra Eiendom and Selmer Skanska, building site
Grieg Academy, four saxophonists
Bergen Academy of Art and Design

摄影

Stein Erik Hansen
Vidar Laksfors
Petter Bergerud

球体

学生

Ingse Galtung Døsvig
Geir Hansen
Caroline Harstad
Ingrid Aspen Helvik
Ingebjørg Berg Holm
Silje Hovland
Siv Lier Jahnsen
Anne Linn Kvalsund
Lars Urheim
Katrine Vestøl
Kristin Mustad Bevreng
Marte Isachsen Knudsen
Helene Opedal
Stine Christensen
Ann Kristin Knutson
Thomas Vang Kiørberg
Frode Ljøkjell

指导

Ole Vanggaard
Øyvind Eide
Petter Bergerud

赞助

County Governor of Hordaland
The Municipality of Bergen
Bautas, lift
D&F Group, scaffolding

Avab CaC, lighting fixtures
Bergen Academy of Art and Design

摄影

Vidar Laksfors
Petter Bergerud

棍塔

小学生
来自卑尔根学校的 80~100 名小学生

学生

Irene Birkeland
Lars Olav Dybdal
Inghild Dyrnes
Susanne Jørgensen
Veronica Møgster
Maren Elise Olsen
Karen Elise Otterlei
Hildegunn Lønne Senneseth
Hans Wilhelm Grieg Teisner
Silje Figenschou Thoresen
Stine Klevberg Tynes
Ingfrid Aasen
Helene Årvik Berg

指导

Øyvind Eide
Petter Bergerud

赞助

County Governor of Hordaland
Foundation Bryggen
Bergen Academy of Art and Design

摄影

Pål Hoff
Petter Bergerud

莲花

学生

Marius Myking Bjørnsen
Morten Skjærpe Knarrum
Halvor Eide
Ingunn Eikeland Bjørkelo
Are-Dag Wagtskjold Eriksen
Jan-Einar Hellesen
Kristine Holtås
Jonas Norheim
Eli Therese Petersen
Lillian Sharma
Kristine Støversten
Hildegunn Lønne Senneseth
Sonia Mendoza

指导

Frode Ljøkjell,
Vidar Laksfors,
Ole Vanggaard
Øyvind Eide
Petter Bergerud

赞助

County Governor of Hordaland
Innovation Norway
Wood Focus Norway
IMC Diving, divers saving the Lotus
Norwegian Recycling, watertanks
Buksér og Berging AS, tugboat
YND, transport and crane
Hordaland Police District, transport supervision
Torbjorn Bruvold, boat
Halsvigsvågen Ice Swimming Club, taking care of the Lotus
Bergenhus Enthusiast Choir, opning ceremony
Bergen Academy of Art and Design

摄影

Pål Hoff
Vidar Laksfors
Petter Bergerud

飞蛾

学生

Jorunn Kjellesvik Rage
Martin Solem
Anna Guseva
Karoline Grepperud
Vera Karina Kleppe
Anette Marie Hvidsten
Maria Kjærgård
Åshild Kyte
Mari Bjørkedal Hjelle
Gerd Solveig Leiros
Jonas Evensen

指导

Mette L' orange
Ole Vanggaard
Øyvind Eide
Petter Bergerud

赞助

The Municipality of Bergen
Wood Focus Norway
Hertz, lift and scissors scaffolding
Bergenhus Enthusiast Choir, opning ceremony
Bergen Academy of Art and Design

摄影

Pål Hoff
Vidar Laksfors
Åshild Kyte
Mette L' orange

谢谢

学生

Cathrin Tenfjord Ekornåsvåg
Hanne Kari Ravndal
Karoline Løken Helland
Synnøve Sandøy
Sunniva Nordli Helseth
Berit Katrine Aasbø

Mikael Pedersen
Kine Hetland
Martin Larsen
Marit Dyre
Naeem Searle
Torstein Haug Hagen
Dan Paul Stavaru
Vinita Gatne
Devesh Mittal
Devanshi Shah
Marsha Silgardo

指导

Frode Ljøkjell,
Ole Vanggaard
Øyvind Eide
Petter Bergerud

赞助

The Municipality of Bergen
County Governor of Hordaland
YND, crane
Bautas, lift
Bergen Academy of Art and Design

摄影

Pål Hoff
Petter Bergerud

心情捕手

学生

Stefanie Michel Sellers
Stephan René Godø Holvik
Lasse Torsson Husabø
Sandra Isabell Aasen
Vilde Vendelboe Haugen
Tuva Rivedal Tjugen
Sarah Leszinski
Susanne Sagstad-Notøy
Heidi Karlsen Aarstad
Inga Fløystad Ellingsgård
Charlotte Tepsel

Vilde Øritsland Houge
Hanne Marthe Alvsvåg Kommedal
Anna Gran Berild
Lotte Sekkelsten Østby
Ane Cesilie Vemøy
Anne Mjåseth
Rikke Frafjord Ørstavik
Karen Ingeborg Naalsund
Sarah Maria Nielsen
Andreas Sønstabø Østebø
Lorraine Mary Bracken
Tea Skog
Christoph Steiger
Ann Helen Hestås

指导

Frode Ljøkjell,
Ole Vanggaard
Øyvind Eide
Petter Bergerud

赞助

The Municipality of Bergen
County Governor of Hordaland
Hordaland County Council
Innovation Norway
Wood Focus Norway
YND, crane
Norwegian Recycling, water tanks
Containerservice, equipment container
Bergen Budtjeneste, car
Bergen Academy of Art and Design

摄影

Pål Hoff
Charlotte Tepsel
Sarah Leszinski

猎人

学生

Caroline Smedsvig
Thomas Ramberg Sivertsen
Sølve Westli
Ricardo Tlatelpa Sanchez
Iselin Lindmark Dubland
Stian Tomin Nærøy
Camilla Figueroa
Gard Flydal Rorgemoen
Jennifer Cena
Inger-Lise Garlid
Maria Leirvik Ekeland
Stefanie Michel Sellers
Stephan René Godø Holvik
Lasse Torsson Husabø
Sandra Isabell Aasen
Vilde Vendelboe Haugen
Tuva Rivedal Tjugen
Sarah Leszinski
Susanne Sagstad-Notøy
Heidi Karlsen Aarstad
Inga Fløystad Ellingsgård
Charlotte Tepsel
Vilde Øritsland Houge
Sondre Bakken
Bent-Ståle Dyrnes Brørs
Eva Bull
Christopher Byrne
Kristian Vasquez Bøysen
Jack S Dalla-Santa
Julie Grindborg
Ying Alice Guan
David Harri
Eivind Leschbrandt Hustvedt
Adrian Højfeldt
Stein-Atle Juvik
Øyvind Kristiansen
Norman Krystad
Andreas Melve
Thomas A Olsen Nesheim
Maria Luise Ringstad Storch
Victoria Helene Storemyr
Alvilde Fjell Sundal

Gunnar Sorås

指导

Espen Folgerø（建筑师、教师）
Håvard Tonning Austvold（教师助理）
Frode Ljøkjell
Are-Dag Eriksen
Petter Bergerud

赞助

The Municipality of Bergen
County Governor of Hordaland
Hordaland County Council
Wood Focus Norway
Innovation Norway
Norwegian Recycling, water tanks
Neumann, materials
Containerservice, equipment container
Bergen Budtjeneste, car
YND, crane
Bergen School of Architecture
Bergen Academy of Art and Design

摄影

Pål Hoff
Charlotte Tepsel
Petter Bergerud

桥

学生

Kamilla Stokkevåg
Vilde Sæternes Johannesen
Tora Schei Rørvik
Elisabeth Frafjord Solberg
Astrid Emmerhoff Lothe
Ole Løvøy
Solveig Sanden Døskeland
Madeleine Mikkelsen
Lea Naglestad Sangolt
Frid Smelvær Høgelid
Christine Siglen Skumsnes
Lena Mari Skjoldal Kolås

with
Nassar Nawrani
Bård Bergerud
Frode Ljøkjell

指导

Mikael Pedersen（设计师、室内建筑师、KHiB）
Nick Westby（建筑师）
Ole Vanggaard
Øivind Eide
Petter Bergerud

赞助

The Municipality of Bergen
County Governor of Hordaland
Hordaland County Council
Innovation Norway
Wood Focus Norway
Geitanger Bruk, building materials
Begna Bruk, building materials
Neumann, building materials
YND, transport, cranes and lift
IMC Diving, lighting under water
Bring, storage container
Seilmaker Iversen, equipment
Bergenhus Enthusiast Choir, opning ceremony
Bergen Academy of Art and Design

摄影

Pål Hoff
Lena Mari Skjoldal Kolås
Petter Bergerud

挑战：木材测试

指导

Norodd Baug
Jørgen Hundseth

摄影

Jonas Evensen
Elisabeth Frafjord Solberg

图书在版编目（CIP）数据

工以为学：北欧木结构试验 /（挪）佩特·卑尔格
如（Petter Bergerud）著；俞文候译 . -- 上海：同济
大学出版社，2017.5
　书名原文：Experimental Wooden Structures

　ISBN 978-7-5608-6705-2

　Ⅰ. ①工… Ⅱ. ①佩… ②俞… Ⅲ. ①木结构 – 结构
试验 Ⅳ. ① TU366.203

　中国版本图书馆 CIP 数据核字（2017）第 004163 号

This translation has been published with the financial support of NORLA.
本书获挪威 NORLA 基金出版资助。

工以为学：北欧木结构试验
Experimental Wooden Structures

[挪威] 佩特·卑尔格如　著
俞闻候　译

出 品 人　华春荣
责任编辑　张　翠　　　责任校对　徐春莲　　装帧设计　张　微

出版发行　同济大学出版社 www.tongjipress.com.cn
　　　　　（地址：上海四平路 1239 号　邮编：200092　电话：021-65985622）
经　　销　全国新华书店
印　　刷　上海中华商务联合印刷有限公司
开　　本　710mm×980mm　1/16
印　　张　14
印　　数　1-2100
字　　数　280 000
版　　次　2017 年 5 月第 1 版　　2017 年 5 月第 1 次印刷
书　　号　ISBN 978-7-5608-6705-2
定　　价　68.00 元